基于"职业教育改革实施方案"和"提质培优"的烹饪品牌专业建设系列教材

西餐热菜制作

主　编　秦祖新　　沈逸之

副主编　何艳军　　彭义青　　周建华　　陈永杰

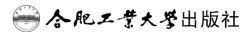合肥工业大学出版社

图书在版编目(CIP)数据

西餐热菜制作/秦祖新,沈逸之主编 . —合肥:合肥工业大学出版社,2022.7
ISBN 978 - 7 - 5650 - 5942 - 1

Ⅰ.①西…　Ⅱ.①秦…②沈…　Ⅲ.①西式菜肴—烹饪—职业教育—教材
Ⅳ.①TS972.118

中国版本图书馆 CIP 数据核字(2022)第 101781 号

西餐热菜制作

主　编　秦祖新　沈逸之	责任编辑　毕光跃	责任印制　程玉平

出　版	合肥工业大学出版社	版　次	2022 年 7 月第 1 版
地　址	合肥市屯溪路 193 号	印　次	2022 年 7 月第 1 次印刷
邮　编	230009	开　本	787 毫米×1092 毫米　1/16
电　话	理工图书出版中心:0551 - 62903204	印　张	6.5
	营销与储运管理中心:0551 - 62903198	字　数	154 千字
网　址	www.hfutpress.com.cn	印　刷	安徽联众印刷有限公司
E-mail	hfutpress@163.com	发　行	全国新华书店

ISBN 978 - 7 - 5650 - 5942 - 1　　　　　定价:35.00 元

如果有影响阅读的印装质量问题,请与出版社营销与储运管理中心联系调换。

前　言

自西餐传入中国之后，它就逐渐成为世界文化与中国文化的交流桥梁，目前与大型国际旅游、商务会议和国际交流息息相关。世界技能大赛、博古斯烹饪大赛等大赛的进驻中国，也代表了西餐逐渐成为一种潮流影响着中国的餐饮界，它是中国烹饪走向世界的一个必经之路。西餐烹饪作为中国职业教育的重要课程，也需要跟着国际烹饪市场的标准培养更多能代表中国走向世界的人才。

编者在四星、五星酒店工作 25 年，在教学岗位亦有 10 多年的教学经历，积累了丰富的菜肴制作经验。在教学中，编者发现现有的教材不能充分满足职业学校西餐专业的教学要求，急需一本适合现阶段西式烹调专业教学的教材。

本书按照西餐的烹饪技法对菜肴进行分类编写，便于教师的教学和学生的学习。本书从框架准备到编写结束历时三年，参阅了大量现有的西餐教材、外国文献，结合编者几十年的实践经验和教学经验，总结归纳不同的制作工艺，并加入最新的烹饪元素，如分子料理知识；以工学结合、一体化教学为基础，以实际任务为导向，每个单元由若干个任务组成，教师在具体任务的实施中进行教学，学生在模拟的职业环境中学习，掌握专业技能知识。

本书由秦祖新、沈逸之担任主编，由何艳军、彭义青、周建华、陈永杰担任副主编，参与编写的人员还有蔡金格、邱万发、陈丙坤、周济扬、刘艺、黄贤江、唐毅山。本书的编写得到广西商业技师学院、桂林市餐饮烹饪协会、桂林榕湖饭店、桂林阳朔碧玉大酒店、桂林旅游学院、广西玉林技师学院、广西水产畜牧学校、广西右江民族商业学校、北海市中等职业技术学校、桂林商贸旅游高级技工学校等单位的大力支持。

编者在编写本书的过程中参阅了大量专家、学者的相关文献，得到了学院和系部领导的帮助和支持，在此一并表示诚挚的谢意。

由于编者水平有限，书中不足之处在所难免，敬请广大读者批评指正。

编　者

2022 年 5 月 25 日

目　　录

绪　论

（一）现代餐饮业发展简史

在西式餐饮业的历史中，厨师的职业发展有助于帮助我们理解为什么要做我们所做的事情，我们的技术是如何发展和改进的，以及我们在未来的烹饪岁月里如何对菜肴及用具进行发展和创新。

1. 西方古代烹饪的起源

17 世纪，杰出的人物是弗朗索瓦·瓦特（Francois Vatel，1618—1678），他担任了路易斯二世·波旁·孔德（Louis II Bourbon-Condé）的厨师。在太阳王来访时，他为其提供了丰富的自助餐，包括鱼、肉和蔬菜等。

2. 西式餐厅的显现

1789 年法国大革命以来，西式餐饮业的发展受到了极大的刺激。在此之前，法国贵族们的家中雇用了大量知名厨师为其烹饪食物。但随着大革命和君主制的结束，许多厨师突然失业，因此在巴黎及其周围开餐馆的商铺雇用了他们。在法国大革命开始时，巴黎大约有 50 家餐馆，但在 10 年后，餐馆的数量有了显著提高，大约有 500 家。

3. 西式专业烹饪的起点

18 世纪烹饪界所发生的变化第一次导致了家庭烹饪和专业烹饪之间的差异。在法国大革命后，厨师玛丽·安托万·卡雷姆（Marie Antoine Careme，1784—1833）潜心钻研烹饪技术的改进和组织，为西式烹饪的发展奠定了基础。

（二）西餐关键发展人物

1. 乔治·奥古斯特·埃斯科菲

乔治·奥古斯特·埃斯科菲（Georges Auguste Escoffier，1847—1935）被厨师和美食家奉为"二十世纪烹饪之父"。他的两个主要贡献是：第一，将古典菜肴和经典菜单简单化；第二，他主张烹饪秩序和多样性，强调在每套菜单中精心挑选一两道菜，这些菜以其精致和独特的味道和谐地融合在一起，让人赏心悦目。

现在，专业厨师仍然把埃斯科菲的书籍和食谱作为重要的参考。现今学习的西式基本烹饪方法大多是以埃斯科菲的书籍为基础的。他的《烹饪指南》一书仍在被广泛使用，他根据菜品的主要成分和烹饪方法将食谱安排在一个简单的系统中，大大简化了玛丽·安托万·卡雷姆传下来的复杂的烹饪系统。另外，他对厨房的组织架构进行了重组，使厨房的工作场所更加精简，更适合制作和设计菜肴、菜单。他建立的组织体系在一些大型酒店和提供全方位服务的餐馆中仍在使用。

2. 保罗·博古斯

在法国，厨师在民众中享有电影明星般的荣耀和名声。他们认为美食绝不仅是果腹之物，还是国家的文化传统。数百年来，法国将烹饪视为"生活宗教"。保罗·博古斯（Paul Bocuse）便是一位久负盛名的厨师。多年来，他的餐厅被西方餐饮界权威杂志《米其林指南》评为最高级别——"三星级"。这对于一位厨师来说，无疑意味着巨大的财富和荣誉。1948年，21岁的保罗·博古斯还是个年轻的小伙子。虽然出生在厨师世家，从小对烹饪耳濡目染，但他还是认真地拜了几位名厨为师，认认真真地学手艺。

当时，社会上流行的是埃斯科菲风格的传统烹饪方式——浓重、油腻、辛辣。用传统烹饪方式做出的菜品上常常盖着一层厚厚的酱汁，以至于吃不出菜的味道。与传统烹饪方式不同，博古斯的新式烹调注重保持菜品的原汁原味，让食物更清淡，更新鲜，也更美观。

（三）烹饪新技术的运用

1. 现代技术

由于现代厨师的创新和创造力，我们所吃的菜品也逐渐发生了变化。从传统的烤制到煎、炸、蒸等烹饪技术，后到低温慢煮、密封烟熏、超低温烹饪等现代技术的运用，技术的简化和精炼过程正在慢慢进行改变，使古典烹饪适应了现代的条件和口味。

2. 新设备开发

煤气炉、电灶、烤箱等现代烹饪设备及电动食品切割机、混合机和其他加工设备容易被控制，大大简化了食品的生产流程，提高了烹饪的效率。

3. 新食品开发和应用

现代的冷藏和快速运输使人们的饮食习惯发生了重要变化。各种肉类、鱼类、蔬菜和水果等新鲜食品可以很方便地进行运输，异国风味的佳肴也可以从世界上任何地方运来，并保持新鲜且处于最佳状态。

单元一　煎、炸、炒烹调技法

煎、炸、炒都是用油加热的烹调方法。以油为传热介质是烹调中常用的传热形式,油脂经加热后温度可达200℃以上,因此,用油烹制菜肴可使菜肴快速成熟,并具有脂香气和良好的风味。但用油传热的烹调方法对一些营养素有一定的破坏作用。尽管如此,用油传热的烹调方法仍是深受欢迎、使用广泛的烹调方法。

任务一　煎

学习目标

☆ 了解煎的概念、技法特点和分类。

☆ 掌握实践菜例的制作工艺,能自主完成实践菜例的制作。

☆ 掌握清煎和拍粉煎的区别及操作关键。

▶ **相关知识**

煎(Pan-fry)是西餐烹调中用途广泛的烹调方法。它是用少量或者中等量的油脂,放入加工后的原料,将原料两面烹熟的方法。在烹调时,可以用厚底的煎锅或者铁扒炉,适用于扁、薄、条形、蓉状等原料。在煎制前,原料大多要加入调料,使其入味可口。

常用的煎法一般有清煎和拍粉煎两种

(1)清煎是将加工后的原料调好味后,直接放在油中,煎至所需的成熟度的方法。

(2)拍粉煎是将加工后的原料蘸上面粉、面糊、鸡蛋液或者面包屑等原料后,放在热油中煎制的方法。在西餐中常见的拍粉煎有吉利煎和面粉煎两种。吉利煎也称"过三关",是先将原料依次蘸上面粉、鸡蛋液、面包屑后再煎制的方法。面粉煎也称"面粉拖",是先将原料蘸上面粉后再煎制的方法。

实践菜例❶　煎牛排配黑胡椒汁

1. 菜肴简介

煎牛排配黑胡椒汁是一道西式菜品,肉质鲜嫩醇香,味美适口。主料为牛肉,调料为盐和黑胡椒，该道菜通过将食材加入锅中煎制而成。黑胡椒汁是西餐中常用的调味品，它以黑胡椒为主要原料，配以牛肉汤和其他调味品精制而成。

2. 制作原料

主料：牛里脊肉 200 克。

辅料：高温橄榄油（耐高温油）50 毫升，牛油 80 克，黑胡椒汁 100 毫升。

配菜：炸马铃薯条。

调料：盐 3 克，黑胡椒碎 10 克。

3. 工艺流程

主辅料洗净加工→拍成大块→腌制→煎制→装盘→淋上黑胡椒汁。

4. 制作流程

（1）将牛里脊肉除去多余的筋膜、杂质，修整齐。

（2）将牛里脊肉竖放于砧板上，用保鲜膜（或纱布）包紧。

（3）将牛里脊肉轻拍成 2 厘米左右厚的大块，撒上盐、黑胡椒碎。

（4）向煎锅中加入高温橄榄油和牛油烧至 170℃，放入牛里脊肉，快速加热使表面定型且呈褐色，至所需成熟度。注意控制火候。

（5）装盘，配上配菜，淋上黑胡椒汁。

5. 重点过程图解

煎牛排配黑胡椒汁重点过程图解如图 1-1-1～图 1-1-5 所示。

图 1-1-1 牛肉加工

图 1-1-2 牛肉腌制

图 1-1-3 牛排煎制

图 1-1-4 牛排醒肉

图 1-1-5 成品

6. 操作要点

（1）注意拍牛排的力度，保持牛排的完整性。

（2）注意煎制时间，不要过老。

7. 质量标准

煎牛排配黑胡椒汁质量标准见表 1－1－1 所列。

表 1－1－1　煎牛排配黑胡椒汁质量标准

评价要素	评价标准	配分
味道	调味准确，盐味适中，黑胡椒味明显	
质感	牛排软嫩，质地韧嫩，口感层次丰富	
刀工	刀工精细，成型均匀，符合西餐扒类菜肴的标准	
色彩	色泽鲜明，汤汁明亮，配菜搭配合理	
造型	成型美观、自然	
卫生	操作过程、菜肴装盘符合卫生标准	

 任务知识链接

　　黑胡椒汁是选用优质的黑胡椒及其他精制调味料制作而成的具有独特风味的调味品，它辛辣芳香，常用于各种肉类的调味，尤其适合与牛肉搭配。黑胡椒汁含有挥发油、胡椒碱、粗脂肪、蛋白质、淀粉、可溶性氮等物质，具有开胃、除腥、助消化、解毒等作用。

　　黑胡椒汁含有的胡椒碱、挥发油等散发的辛辣味道不仅能促进唾液和胃液的分泌，助人胃口大开，还能帮助肠胃蠕动，增进消化速度。对于食欲不振、不思饮食的人来说黑胡椒汁是一味非常好的调味品。黑胡椒汁含有的挥发油、胡椒碱等所带来的辣味，既可以去除肉类食物的腥味，又可以化解食用油腻食物后的不适，因此生活中常将黑胡椒汁淋在肉类食物上，作为调味品，以去腥解腻、开胃促消化。

　　在古罗马时期，胡椒作为一种香料，是专供贵族享用的高级食材。后来胡椒被引入中国，被当作珍贵的药用植物。胡椒不同于辣椒强烈的辛辣感，却能为唇舌、肠胃带来温热的感受。正是这种特点让胡椒味成为各大菜系都有所涉猎的一种接受程度颇高的风味。搭配牛肉汁、蔬菜汁、淡奶油、果汁等不同食材，我们可以制作出各具风味的胡椒汁。

实践菜例 ❷　芥末猪扒

1. 菜肴简介

　　芥末的主要辣味成分是芥子油，其辣味强烈，可刺激唾液和胃液的分泌，有开胃之功效，能增强人的食欲。煎猪扒搭配芥末及其他配菜，造型上更加美观，并且有独特的风味。

2. 制作原料

主料：净猪肉或猪里脊肉 250 克，面粉 50 克。

配料：红葱头 40 克，干白葡萄酒 50 毫升，黑胡椒碎 1 克，西班牙少司 100 毫升，柠檬汁 5 毫升，酸黄瓜 30 克，芥末酱 10 克，小片黄油 25 克，清黄油 50 克，蔬菜配料、盐和胡椒粉适量。

3. 工艺流程

原料洗净加工→主料改刀→拍成猪扒腌制→裹上面粉煎制→制作芥末汁→装盘→淋上西班牙少司。

4. 制作流程

（1）将猪里脊肉整理去筋，切成大块，用肉锤拍成 6 毫米厚的猪扒。

（2）将红葱头切碎，酸黄瓜切丝，芥末酱用少许水稀释调匀。

（3）将煎锅置于中火上，加入清黄油烧热。猪扒表面撒盐和胡椒粉，蘸匀面粉，放入热油中煎熟后取出，放在吸油纸上，保温备用。

（4）去除煎锅内多余的油脂，加入红葱末炒香，放入干白葡萄酒和黑胡椒碎，煮至汤汁将干时，倒入西班牙少司，小火浓缩煮稠。

（5）将西班牙少司过滤后倒入少司锅中，加入柠檬汁、酸黄瓜丝和芥末酱搅匀，离火加入黄油搅化，加盐和胡椒粉调成芥末汁。

（6）将猪扒和蔬菜配料放入热菜盘中，淋上少司即成。

5. 重点过程图解

芥末猪扒重点过程图解如图 1-1-6～图 1-1-10 所示。

图 1-1-6 配料准备　　　图 1-1-7 拍猪扒　　　图 1-1-8 煎制

图 1-1-9 煎熟　　　　　图 1-1-10 成品

6. 操作要点

（1）注意拍猪扒的力度，保持猪扒的完整性。

（2）控制火候，以猪扒中心温度为63℃刚熟、肉嫩多汁为佳。

7.质量标准

芥末猪扒质量标准见表1-1-2所列。

表1-1-2　芥末猪扒质量标准

评价要素	评价标准	配分
味道	调味准确	
质感	猪排质感外酥里嫩，口感层次丰富	
刀工	刀工精细，成型均匀，符合西餐扒类菜肴的标准	
色彩	色泽鲜明，汤汁明亮，配菜搭配合理	
造型	成型美观、自然	
卫生	操作过程、菜肴装盘符合卫生标准	

 任务知识链接

　　猪扒是指炸过或煎过的大片瘦猪肉，味香可口，和牛排一样深受人们的喜爱。

　　猪扒的选购及加工技巧如下。

　　第一，要确定你要做的猪扒是原味的还是腌制的。

　　第二，一定要选择外面有一圈肥肉的猪扒，这种猪扒肥瘦搭配，口感极佳。

　　第三，用松肉锤砸猪扒时，要从中央向周边砸，切记不要用太大的力。

　　第四，煎制猪扒时，两面都要煎到，这样会锁住肉的水分。一般翻三四下就可以了，这样六七分熟刚刚好。吃的时候，先撒一点盐和胡椒末，再加入柠檬汁。

实践菜例❸　奶酪汉堡包

1.菜肴简介

　　汉堡包是英文Hamburger的音译，是一种发源于德国汉堡的食品，后传入美国，经美国人改良后的美式汉堡风靡全球，是现代西式快餐中的主要食品。普通汉堡包加入奶酪后，可以改善自身的风味，提高营养价值。

2.制作原料

主料：牛肉馅650克，汉堡面包4个。

配料：白面包75克，沙拉酱25克，芝士片4片，牛奶25克，盐、胡椒粉少量。

配菜：炸薯条，时令蔬菜。

3.工艺流程

牛肉制作成馅饼→煎熟→汉堡面包中间分开→放入芝士片烤透→装盘。

4. 制作流程

（1）将白面包用清水泡软，挤干水分，放入牛肉馅内，加入盐、胡椒粉、牛奶搅拌均匀，制成肉饼，用油煎熟。

（2）将汉堡面包从中间片开，涂上沙拉酱，夹上肉饼，放上一片芝士片，放入烤炉烤透即可。

（3）上菜时，可以配炸薯条和时令蔬菜。

5. 重点过程图解

奶酪汉堡包重点过程图解如图 1-1-11～图 1-1-15 所示。

图 1-1-11　主料准备

图 1-1-13　煎馅饼

图 1-1-12　辅料准备

图 1-1-14　炸薯条

图 1-1-15　成品

6. 操作要点

（1）注意控制火候。

（2）重点把握牛肉饼的成熟度。

7. 质量标准

奶酪汉堡包质量标准见表 1-1-3 所列。

微课　热狗包

表 1-1-3　奶酪汉堡包质量标准

评价要素	评价标准	配分
质感	汉堡质感滑嫩，口感层次丰富	
色彩	色泽鲜明，配菜搭配合理	
造型	成型美观、自然	
卫生	操作过程、菜肴装盘符合卫生标准	

实践菜例❹　米兰式煎鸡排

1. 菜肴简介

鸡肉是肉类中脂肪含量较低的一种，鸡排则是西餐厅常见的一道菜肴。米兰式煎鸡排是将鸡胸肉片开，蘸上面粉和蛋液煎制而成的，外焦里嫩、香脆可口。

2. 制作原料

主料：鸡胸肉 250 克。

配料：帕玛森芝士粉 50 克，鸡蛋 100 克，百里香 3 克，法香 2 克，面粉 30 克，色拉油 50 毫升，盐 20 克，白胡椒粉 5 克。

3. 工艺流程

主辅料洗净→鸡胸肉改刀→腌制→裹糊→煎制→装盘。

4. 制作流程

（1）将鸡胸肉洗净切成片，每片 80 克，每份 2 片，用拍刀拍松，在表面撒上盐和白胡椒粉，裹上面粉。

（2）把鸡蛋打成蛋液，法香去梗、切碎后，用纱布挤去汁，使之呈干松状，把法香碎同帕玛森芝士粉一起加入蛋液中搅拌均匀。

（3）向煎锅中加入油烧热，将蘸好面粉的鸡排蘸上蛋液放入煎锅中，用文火煎至金黄色。

（4）装入盘中装饰即可。

5. 重点过程图解

米兰式煎鸡排重点过程图解如图 1-1-16～图 1-1-21 所示。

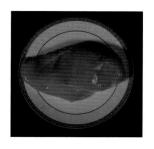

图 1-1-16　主料准备

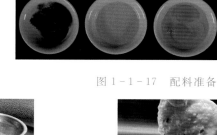

图 1-1-17　配料准备

图 1-1-18　鸡排裹粉

图 1-1-19　鸡排过蛋液

图 1-1-20 鸡排煎制

图 1-1-21 鸡排成品

6．操作要点

（1）注意控制煎制鸡排的油的温度。

（2）重点掌握鸡排煎制的成熟度。

微课 米兰式煎鸡排

7．质量标准

米兰式煎鸡排质量标准见表 1-1-4 所列。

表 1-1-4　米兰式煎鸡排质量标准

评价要素	评价标准	配分
质感	鸡排外焦里嫩、质感滑嫩，口感层次丰富	
刀工	成型均匀，符合西餐扒类菜肴的标准	
色彩	色泽金黄，配菜搭配合理	
造型	成型美观、自然	
卫生	操作过程、菜肴装盘符合卫生标准	

实践菜例 ⑤　柠檬黄油煎多宝鱼

1．菜肴简介

多宝鱼的肉质丰厚白嫩，骨刺少，营养成分全面，配比合理，营养物质的含量均高于家禽和淡水鱼类，而且更容易被人体所吸收。用黄油煎成的多宝鱼外表金黄、口感香脆。

2．制作原料

主料：多宝鱼 1 条。

配料：牛奶 200 毫升，面粉 150 克，黄油 400 毫升，盐和胡椒粉适量，柠檬汁 200 毫升，柠檬皮少许。

3．工艺流程

主辅料洗净→主料处理、腌制→裹糊煎制→黄油熬至呈焦糖色→淋汁→装盘。

4. 制作流程

（1）将多宝鱼去除内脏、鱼刺、鱼鳍、鱼鳞，将鱼肉用盐和胡椒粉腌制备用。

（2）将鱼肉放入牛奶中浸泡，然后裹上面粉；取 300 毫升黄油澄清，倒入煎锅中，加入少许盐煎制，期间反复将油浇淋在鱼肉上，煎至两面金黄，盛出备用。

（3）将剩余的 100 毫升黄油熬至呈焦糖色，加入 200 毫升柠檬汁、少许柠檬皮，浇在鱼肉上即可。

5. 重点过程图解

柠檬黄油煎多宝鱼重点过程图解如图 1-1-22～图 1-1-27 所示。

图 1-1-22 主料准备

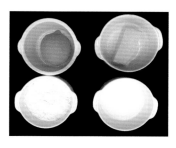
图 1-1-23 调辅料准备

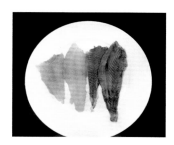
图 1-1-24 主料加工

图 1-1-25 主料裹粉

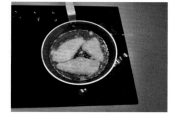
图 1-1-26 主料煎制

图 1-1-27 成品

6. 操作要点

（1）注意控制煎鱼的温度，以免煎焦。

（2）制作柠檬黄油时候，注意控制火候，不可以烧得太焦以免有过重苦味。

7. 质量标准

柠檬黄油煎多宝鱼质量标准见表 1-1-5 所列。

表 1-1-5 柠檬黄油煎多宝鱼质量标准

评价要素	评价标准	配分
味道	无鱼腥味，味道鲜美	
质感	外焦里嫩，质感滑嫩	
色彩	色泽鲜明，焦糖明亮，配菜搭配合理	
造型	成型美观、自然	
卫生	操作过程、菜肴装盘符合卫生标准	

任务知识链接

　　多宝鱼又叫大菱鲆（Scophthalmus maximus）、欧洲比目鱼，英文名为 Turbot。多宝鱼属于鲽形目鲆科菱鲆属，主要产区位于大西洋东侧沿岸，是东北大西洋沿岸的特有名贵低温经济鱼种之一。

　　多宝鱼的肌肉丰厚白嫩，骨刺少，营养组成全面，配比合理，鳍边和皮下含有十分丰富的胶原蛋白，鱼肉中所含的人体必需氨基酸既齐全又平衡良好，其中精氨酸和赖氨酸含量很高。据营养专家测算分析，多宝鱼的脑、眼和肌肉中 DHA（dokcosahexenoic acid，二十二碳六烯酸）和 EPA（eicoaspentaenoic acid，二十碳五烯酸）（脑黄金）含量也很高。此外，它还含有多种维生素和钾、锌、锰、镁、铁、钙等多种矿物元素及黏多糖等有益于人体健康的微量成分。这些营养物质的含量均高于家禽和淡水鱼类，而且更容易被人体所吸收。

任务二　炸

学习目标

　　☆ 了解炸的概念、技法特点。
　　☆ 掌握实践菜例的制作工艺，能自主完成实践菜例的制作。
　　☆ 能分清清炸、拍粉炸、脆浆炸的区别，掌握不同炸法的操作关键点。

▶ 相关知识

　　炸（Deep Frying）是将加工后的原料放在大量的油中烹调成熟的方法。常用的炸法一般有 3 种，即清炸、拍粉炸和脆浆炸。

　　（1）清炸是将加工后的原料调好味道后直接放在油中，炸至所需要的成熟度的方法，经典的清炸菜例为炸土豆片。

　　（2）拍粉炸是将加工后的原料蘸上面粉、鸡蛋或者面包屑等，放入热油中炸制的方法。西餐中常见的拍粉炸有吉利炸和面粉炸两种。吉利炸也称过三关炸，是将原料依次蘸上面粉、蛋液、面包屑后炸制的方法。面粉炸是将原料粘上面粉后炸制的方法。

　　（3）脆浆炸是将加工后的原料蘸上脆浆面糊后再炸的方法，如炸洋葱圈。

微课　炸土豆片

微课　炸洋葱圈

实践菜例❶　维也纳式牛仔吉利

1. 菜肴简介

在维也纳，炸牛排是一种备受欢迎的食物。维也纳的炸牛排在外观上就让人很有食欲，金黄而酥脆，吃起来有油炸特有的香气，切开牛排我们还可以看到里面粉嫩的肉，口感嫩滑。搭配醇香的德国白兰地，可将炸牛排的滋味全都激发出来。维也纳式牛仔吉利（Wiener Schnitzel）是一种将小牛肉裹上面包屑后酥炸而成的牛排料理，是维也纳最负盛名的菜肴，被誉作奥地利的国菜。

传统的炸牛排体积非常大，厨师在制作这道菜时会选用半煎炸的方式，将油加到食材的一半高度，慢慢炸熟牛排。

2. 制作原料

主料：净小牛肉片4份（80克/份）。

辅料：面粉100克，鸡蛋2个，面包糠160克，色拉油300毫升，法香碎10克，土豆100克，柠檬2个，生菜100克，黄瓜100克，水瓜柳碎20克，银鱼柳10克，法式油醋汁100毫升。

调料：盐5克，糖3克，黑胡椒粉3克。

3. 工艺流程

主辅料洗净→制作沙拉→牛肉片加工→腌制入味→煎制→装盘。

4. 制作流程

（1）将生菜、黄瓜、水瓜柳碎、银鱼柳、糖、法式油醋汁等拌匀成生菜沙拉。将土豆煮熟切块，加法式油醋汁拌匀成土豆沙拉；或将土豆制成炸薯条备用。

（2）将鸡蛋调散，加入盐、黑胡椒粉和少许色拉油调匀。将柠檬切片。

（3）将小牛肉片用保鲜膜包紧，用肉锤拍扁，撒上盐和黑胡椒粉调味，依次蘸上面粉、鸡蛋液和面包糠备用。

（4）将煎锅置于中火上，加入油烧至175℃，放入牛排煎制，至两面呈金黄色、酥香时取出，放于吸油纸上沥油，保温备用。

（5）将牛排放入热菜盘中，配柠檬片、生菜沙拉、土豆沙拉或炸薯条，撒上法香碎装饰即成。

5. 重点过程图解

维也纳式牛仔吉利重点过程图解如图1-2-1～图1-2-6所示。

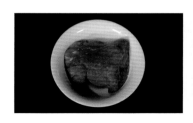

图1-2-1　主料准备

图1-2-2　调辅料准备

图1-2-3　主料加工

图 1-2-4 主料裹糠

图 1-2-5 主料炸制

图 1-2-6 成品

6. 操作要点

（1）注意控制煎牛排时锅的温度。

（2）重点把握牛排的成熟度。

7. 质量标准

维也纳式牛仔吉利质量标准见表 1-2-1 所列。

微课 维也纳式牛仔吉利

表 1-2-1 维也纳式牛仔吉利质量标准

评价要素	评价标准	配分
味道	调味准确，咸鲜适口	
质感	牛肉质感滑嫩，口感层次丰富	
色彩	色泽鲜明，配菜搭配合理	
造型	成型美观、自然	
卫生	操作过程、菜肴装盘符合卫生标准	

实践菜例 2 英式炸鱼柳

1. 菜肴简介

英式炸鱼柳是英国非常著名的一道小吃，是首先将去骨的鱼切成条、裹上面糊，然后炸制而成的。食用的时候搭配炸薯条，以及不同口味的调味酱。该菜肴不但在英国、新西兰和澳大利亚很受欢迎，而且在美国也渐渐流行起来。

2. 制作原料

主料：龙利鱼柳 300 克。

辅料：面粉 250 克，玉米淀粉 120 克，泡打粉 15 克，啤酒 500 毫升，土豆 6 个，柠檬 2个，青豆 100 克，塔塔少司 100 毫升，色拉油 500 毫升。

调料：盐 5 克，黑胡椒粉 3 克。

3. 工艺流程

主辅料洗净→鱼柳改刀加工→调制脆浆糊→滚粉、裹糊→炸制→控油→装盘。

4. 制作流程

（1）将鱼柳切成 6 厘米长、0.5 厘米厚的条，用盐、黑胡椒粉、少量柠檬汁调味。

（2）将粉类过筛，混合面粉、玉米淀粉和泡打粉，加入盐和啤酒，搅打均匀。

（3）准备配菜，将青豆煮熟，土豆洗净，制作成炸薯条备用，见微课　炸薯条。

（4）将面粉用盐、黑胡椒粉调味，先用盐给鱼调味，再滚上一层面粉，泡进面糊里。

（5）第一次起锅烧至油温150℃，先让鱼泡进油里一半，等待数秒再松手放入，炸制5～6分钟，至呈浅黄色；第二次起锅烧至油温170℃，炸制2～3分钟，至呈浅金黄色。

（6）将炸好的鱼柳放在吸油纸上吸油，装盘搭配炸薯条、塔塔少司即可。

微课　炸薯条

5. 重点过程图解

英式炸鱼柳重点过程图解如图1-2-7～图1-2-12所示。

图1-2-7　原料展示

图1-2-8　鱼柳改刀

图1-2-9　鱼柳腌制

图1-2-10　裹糊

图1-2-11　炸制

图1-2-12　成品展示

6. 操作要点

（1）注意控制油温，油温应掌握在150～180℃。

（2）根据鱼柳的大小决定油温，以免炸糊或者没有炸熟。

7. 质量标准

微课　英式炸鱼柳

英式炸鱼柳质量标准见表1-2-2所列。

表1-2-2　英式炸鱼柳质量标准

评价要素	评价标准	配分
味道	调味准确，味型突出	
质感	口感香脆，口感层次丰富	

（续表）

评价要素	评价标准	配分
刀工	刀工精细，成型、大小、厚度均匀	
色彩	呈浅金黄色	
造型	成型美观、自然	
卫生	操作过程、菜肴装盘符合卫生标准	

 任务知识链接

　　龙利鱼也叫踏板鱼、牛舌鱼、鳎目鱼、龙半滑舌鳎。龙利鱼肉质细嫩、营养丰富，属于出肉率高、味道鲜美的优质海洋鱼类。龙利鱼的脂肪中含有不饱和脂肪酸，具有抗动脉粥样硬化的功效，对预防心脑血管疾病和增强记忆、保护视力颇有益处。所以，龙利鱼肉特别适合在写字间里成天面对计算机的上班族食用。龙利鱼肉中的欧米加-3脂肪酸可以抑制眼睛自由基的生成，降低晶体炎症的发生，这就是它被称为"护眼法宝"的原因。特别值得一提的是，龙利鱼只有中间的脊骨，刺少肉多，几乎没有腥味，香煎后食用味道十分可口。

实践菜例❸　吉列猪排

1. 菜肴简介

吉列（Cutlet）源自法文 côtelette，是将腌制好的肉片裹上面粉、蛋液、面包糠，炸制而成的烹调方法。

2. 制作原料

主料：猪里脊肉或猪梅肉 300 克。

辅料：面粉 150 克，鸡蛋 2 个，面包糠 150 克，白兰地酒 20 毫升，胡萝卜 15 克，洋葱 15 克，西芹 15 克，圆白菜 100 克，番茄沙司 100 毫升。

调料：盐 5 克，黑胡椒粉 2 克。

3. 工艺流程

主辅料洗净→猪肉改刀→加工→上浆炸至金黄→装盘。

4. 制作流程

（1）将猪肉剔去筋膜和多余肥肉，整理好形状，切成厚 1 厘米的片备用；鸡蛋打成蛋液；胡萝卜、圆白菜制成沙拉。

（2）将猪肉片用锤子拍打断筋，用盐、黑胡椒粉、白兰地酒\洋葱、西芹腌制 20 分钟。

（3）将腌制好的猪肉片分别裹上面粉、蛋液、面包糠，用 160～180℃油炸至色泽金黄。

（4）搭配圆白菜沙拉、番茄沙司即可。

5. 重点过程图解

吉列猪排重点过程图解如图 1-2-13～图 1-2-18 所示。

图 1-2-13　主料准备

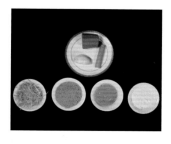

图 1-2-14　调辅料准备

图 1-2-15　腌制

图 1-2-16　裹粉

图 1-2-17　炸制

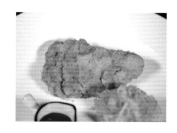

图 1-2-18　成品

6. 操作要点

（1）注意控制油温，油温控制在 150～180℃。

（2）根据猪肉片的大小决定油温，以免炸糊或者没有炸熟。

7. 质量标准

微课　吉列猪排

吉列猪排质量标准见表 1-2-3 所列。

表 1-2-3　吉列猪排质量标准

评价要素	评价标准	配分
质感	口感酥脆，质感滑嫩	
刀工	刀工精细，成型均匀，符合西餐扒类菜肴的标准	
色彩	色泽金黄，配菜搭配合理	
造型	摆盘美观、自然	
卫生	操作过程、菜肴装盘符合卫生标准	

实践菜例❹　蒜香基辅鸡

1. 菜肴简介

基辅鸡（Chicken Kiev）是一道很受欢迎的酿馅鸡肉菜，在世界各地均有不同的版本。相传它是法国人发明的，然后在美国纽约被命名。基辅鸡通常会使用特色香料黄油作为鸡肉的馅料，搭配应季蔬菜食用。

2. 制作原料

主料：鸡胸肉 180 克。

配料：黄油 50 克，蒜蓉 10 克，法香 20 克，色拉油 500 克，面粉 100 克，鸡蛋 2 个，面包糠 100 克，盐 4 克，黑胡椒粉 3 克。

3. 工艺流程

主辅料洗净→鸡肉改蝴蝶刀→辅料加工→制作香料黄油酿鸡胸肉→裹上面粉、蛋液、面包糠炸至金黄→装盘。

4. 制作流程

（1）将鸡胸肉剔去筋膜，切蝴蝶刀，用锤子稍微锤扁，撒上盐、黑胡椒粉腌制。将鸡蛋打成蛋液。

（2）将法香切碎，与蒜蓉、软化黄油搅拌均匀，加盐、黑胡椒粉调味后放入冰箱冷冻备用。

（3）将适当的香料黄油包入鸡胸肉中，依次裹上面粉、蛋液、面包糠，如此裹制两次。

（4）向锅中加入油，烧到 150℃，将鸡胸肉炸至金黄色，放入盘中点缀即成。

5. 重点过程图解

蒜香基辅鸡重点过程图解如图 1-2-19～图 1-2-23 所示。

图 1-2-19　主配料准备

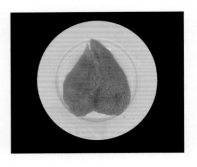

图 1-2-20　鸡胸肉腌制

图 1-2-21　裹粉

图 1-2-22　炸制

图 1-2-23　成品

6. 操作要点

（1）注意控制油温，油温应控制在 150℃ 左右。

（2）根据鸡胸肉的大小决定油温，以免炸煳或者没有炸熟。

（3）裹两次面粉、蛋液、面包糠，以保证黄油不会在烹饪过程中漏出。

（4）如果鸡胸肉体积较大，则可以用烤箱将其烘烤至熟。

7. 质量标准

蒜香基辅鸡质量标准见表 1-2-4 所列。

表 1-2-4 蒜香基辅鸡质量标准

评价要素	评价标准	配分
质感	口感酥脆，质感滑嫩	
刀工	刀工精细，成型均匀	
色彩	色泽金黄，配菜搭配合理	
造型	摆盘美观、自然	
卫生	操作过程、菜肴装盘符合卫生标准	

任务三 炒

学习目标

☆ 了解炒的概念、技法特点。

☆ 掌握实践菜例的制作工艺，能自主完成实践菜例的制作。

☆ 掌握炒的烹调方法的操作关键。

▶ **相关知识**

炒（Saute）是将形状小的原料放入少量油的锅中，用较高温度在短时间内使其成熟的方法。

1. 炒的特点

因为炒的加热时间短、温度高，并且在炒制过程中一般不加过多的汤汁，所以炒制的菜肴具有脆嫩鲜香的特点。

2. 适用于炒制的原料

炒要求原料在短时间内成熟，故适用于质地鲜嫩的原料，如里脊肉、外脊肉、鸡肉及部分蔬菜和部分熟料等。

3. 西式炒（Sauté）和中式炒（Stir Fry）的区别

中西式炒的烹调技法主要区别在 5 个方面：

①加油量不同。中式炒的加油量明显多于西式炒。②油温不同。中式炒使用猛火，油温明显高于西式炒，西式炒也被称为嫩煎或嫩炒。③使用的油不同。中式炒一般会使用耐高温的植物油，而西式炒有时候使用黄油或者混合油。④炒制时间不同。中式炒讲究猛火快炒以保持食物水分，而西式炒会根据需要加长炒制时间，如炒焦糖洋葱需要将糖分和水分炒出。⑤工具不同。中式炒使用中式炒锅（Wok），而西式炒使用平底锅。

实践菜例 ❶ 茄汁意大利面

1. 菜肴简介

意大利面也被称为意粉，是西餐正餐中最接近中国人饮食习惯的面点。意大利面的形状各不相同，除与中国面条相似的直形粉外，还有螺丝形的、弯管形的、蝴蝶形的、空心形的、贝壳形的等，林林总总数百种。茄汁意大利面是以番茄酱为佐料制作而成的，色、香、味俱全。

2. 制作原料

主料：意大利面 100 克。

辅料：番茄沙司 50 毫升，洋葱碎 10 克。

调料：法香碎 0.5 克，西芹碎 10 克，盐 3 克，黑胡椒粉 2 克，橄榄油 30 毫升。

3. 工艺流程

主料洗净→意大利面煮熟→与料炒香→炒制意大利面→调味→装盘。

4. 制作流程

（1）将意大利面放入烧开的盐水中煮制，根据面的多少确定煮制时间，意大利面通常只须煮至七八成熟。

（2）锅中放入橄榄油，下洋葱碎、西芹碎，先加入番茄沙司和煮好的意大利面，再加入盐、黑胡椒粉、法香碎调味装盘。

5. 重点过程图解

茄汁意大利面重点过程图解如图 1-3-1～图 1-3-5 所示。

图 1-3-1　意大利面准备　　　　图 1-3-2　调辅料准备　　　　图 1-3-3　煮意大利面

图 1-3-4　炒意大利面　　　　图 1-3-5　装盘

6. 操作要点

（1）注意控制炒意大利面时平底锅的温度。

（2）重点把握炒制时间，保证成品色泽鲜艳。

（3）注意番茄沙司和意大利面的配比。

微课　茄汁意大利面

7. 质量标准

茄汁意大利面质量标准见表 1-3-1 所列。

表 1-3-1　茄汁意大利面质量标准

评价要素	评价标准	配分
味道	调味准确，咸鲜合适	
质感	面条软硬适中，口感层次丰富	
色彩	色泽搭配合理	
造型	成型美观、自然	
卫生	操作过程、菜肴装盘符合卫生标准	

任务知识链接

有人认为意大利面起源于中国，由马可·波罗传入意大利，后传播到整个欧洲。也有人认为，当年，罗马帝国为了解决人口多、粮食不易保存的难题，想出了先把面粉揉成团、擀成薄饼，再切条晒干的方法，从而发明了意大利面。

最早的意大利面成型于公元 13～14 世纪，与今天的意大利面很接近。文艺复兴后，意大利面的种类和酱汁逐渐丰富起来。

最初的意大利面经过揉、切、晒等工序制作而成，与肉类、蔬菜一起放在焗炉烹调。当年，意大利半岛许多城市的街道、广场随处可见抻面条、晾面条的人。据说最长的面条竟有 800 米。意大利面最初是应付粮荒的产物，所以食用者多是穷人，但其美味很快就让所有人无法抵挡。

意大利面连汁带水，吃起来颇不方便。早期，人们都是用手指去抓食意大利面，吃完后还意犹未尽地把沾着汁水的手指舔干净。

在中世纪时，一些上层人士觉得这种吃相不雅，发明了餐叉，可以把面条卷在叉齿上送入嘴里。餐叉的发明被认为是西方饮食进入文明时代的标志。从这个意义上讲，意大利面功不可没。

新大陆的发现开拓了人们的想象力，也给意大利面带来更多变化：两种从美洲舶来的植物——辣椒和西红柿被引入酱料。

西红柿在意大利那不勒斯首次被人用作酱汁搭配意大利面，从此令意大利面备受欢迎，甚至连王公贵族也不例外。正宗的意大利面是用铜制模子压制而成的，由于意大利面外形较粗厚且凹凸不平，表面容易蘸上调味酱料，吃起来口感更佳。

到了 19 世纪末，意大利面的三大酱料体系——番茄底、鲜奶油底和橄榄油底完全形成，配以海鲜、蔬菜、水果、香料，形成了复杂多变的风味。面条本身也变化纷呈，有细长、扁平、螺旋、蝴蝶等多种形状，并通过添加南瓜、菠菜、葡萄等制成五颜六色的种类。意大利面的世界就像是千变万化的万花筒，其种类据说至少有 500 种，配上酱汁的组合变化，可做出上千种的意大利面。

是谁会想到意大利面的面条最早是用脚揉面的？这是因为面团太大，用手实在揉不动。直到 18 世纪，讲卫生的那不勒斯国王费迪南多二世才请来巧匠，发明了揉面机。

1740 年，第一座意大利面工厂建成，广场晒面的大场面从此成为历史。意大利人对面条的喜爱似乎与生俱来，许多人把做面的独门秘方束之高阁，不肯轻易示人，甚至把意大利面秘方郑重写进遗嘱。中世纪的许多歌剧、小说里都提到面条。意大利民族英雄加里波第曾用意大利面犒赏三军，拿破仑在波河大进军中也曾拿吃意大利面激励士气。

进入 21 世纪，全球意大利面年产量已达 1000 万吨。在意大利，每人每年要吃掉至少 28 千克意大利面。在罗马市中心总统府附近，建有一座别具一格的意大利面博物馆，慕名前来参观者络绎不绝。这座博物馆共有 11 个展厅，展出了不同时期的意大利面产品及加工器具，从最早的擀面杖、和面盆，到后来的切面机、意大利面生产线等，众多实物生动地叙述了意大利面数百年的发展历史。

实践菜例 ❷   蛤蜊炒意面

1. 菜肴简介

蛤蜊具有很高的经济价值，蛤蜊肉鲜嫩味美、营养丰富。蛤蜊炒意面是一道由蛤蜊、洋葱、大蒜、奶油等做成的美食。

2. 制作原料

主料：意大利面 100 克。

辅料：蛤蜊 80 克，法香碎 15 克，大蒜末 15 克，橄榄油 50 毫升，干辣椒丝 1 克，白葡萄酒 50 毫升，培根碎 20 克，红葱头碎 15 克。

调料：盐 3 克，黑胡椒粉 2 克。

3. 工艺流程

蛤蜊洗净→辅料改刀→意大利面煮熟→辅料、蛤蜊炒香→炒意大利面→调味→装盘。

4. 制作流程

（1）提前一天将蛤蜊用清水养殖，滴入少许油让它吐沙。用小刀撬开蛤蜊壳，去掉蛤蜊内的砂囊，将蛤蜊肉取出清洗干净备用。

（2）汤锅内烧开水加入少许盐，煮制意大利面，煮好后捞出，用冷水冲凉，加入少许橄榄油拌匀备用。

（3）向炒锅内放入橄榄油，炒香红葱头碎、大蒜末、培根碎、干辣椒丝，加入蛤蜊肉炒熟，淋入白葡萄酒，收干水分后放入意大利面炒匀，调味。

（4）装盘后撒上剩下的干辣椒丝和法香碎即可。

5. 重点过程图解

蛤蜊炒意面重点过程图解如图1-3-6～图1-3-9所示。

图1-3-6　辅料准备　　　　图1-3-7　辅料炒香　　　　图1-3-8　炒制意大利面

6. 操作要点

（1）注意控制意大利面的成熟度。

（2）炒制蛤蜊的火候要恰当，避免肉质变老。

7. 质量标准

蛤蜊炒意面质量标准见表1-3-2所列。

图1-3-9　成品

表1-3-2　蛤蜊炒意面条质量标准

评价要素	评价标准	配分
味道	调味准确，无腥味	
质感	口感层次丰富，蛤蜊肉无泥沙	
造型	成型美观、自然	
卫生	操作过程、菜肴装盘符合卫生标准	

实践菜例 ❸　奶油培根面

1. 菜肴简介

意大利面是西餐中最接近中国人饮食习惯、最容易被中国人接受的菜品。奶油培根面是一款面食类菜品，制作原料主要有意大利面、淡奶油等。

2. 制作原料

主料：意大利面100克。

辅料：橄榄油30毫升，培根30克，鸡蛋黄2个，芝士35克，淡奶油60毫升，法香10克。

调料：盐3克，黑胡椒粉2克。

3. 工艺流程

辅料切碎→意大利面煮熟→辅料炒香→意大利面炒制→调味→装盘

4. 制作流程

（1）将培根和法香切碎备用。

（2）向锅中加水并烧开，放入意大利面煮至变软（7～10 分钟）。

（3）向锅中放入橄榄油，小火炒培根碎（2 分钟），加入意大利面、盐、黑胡椒粉炒匀。

（4）向加入奶油混合料（淡奶油、鸡蛋黄、法香碎），再加入盐和黑胡椒粉，中火收浓后装盘。

5. 重点过程图解

奶油培根面重点过程图解如图 1-3-10～图 1-3-14 所示。

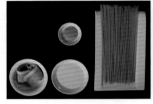
图 1-3-10　主料准备

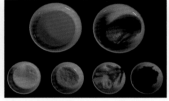
图 1-3-11　辅料准备

图 1-3-12　炒香配料

图 1-3-13　炒制意大利面

图 1-3-14　成品

6. 操作要点

（1）注意按照标准比例和顺序投放原料。

（2）注意控制平底锅的温度。

（3）重点把握意大利面的成熟度和口感。

微课　奶油培根面

7. 质量标准

奶油培根面质量标准见表 1-3-3 所列。

表 1-3-3　奶油意大利面质量标准

评价要素	评价标准	配分
味道	调味准确，味道适中	
质感	面条软硬适中、质感滑嫩，口感层次丰富	
色彩	色泽鲜明，汤汁明亮，配菜搭配合理	
造型	成型美观、自然	
卫生	操作过程、菜肴装盘符合卫生标准	

单元二 煮、烩、焖烹调技法

用水传热的烹调形式在西餐中使用广泛。它的温度范围较低，因为水的沸点为100℃，所以温度再升高水就会变成水蒸气逸出，并带走大量的热，使温度仍维持在100℃左右。在这个温度范围内烹调菜肴，各种营养成分损失都很小，同时还会使菜肴具有清淡爽口的特点。

任务一 煮

学习目标

☆ 了解煮的概念、技法特点、操作关键及分类。

☆ 掌握实践菜例的制作工艺，能自主完成实践菜例的制作。

☆ 掌握冷水煮和沸水煮的区别。

▶ 相关知识

煮（Boil）是将初步加工或经刀工处理的原料在水或其他液体（主要包括基础汤、少司、葡萄酒等）中加热成熟的方法。根据水温的不同，煮分为冷水煮和沸水煮两种。在烹调时，我们要按照加热目的和原料特点的不同，选择不同煮法。

（1）冷水煮是将原料直接放在冷水中，将其煮熟的方法。冷水煮一般适合制汤，以及形状较大的原料（如肉类等）。

（2）沸水煮是将原料直接放在沸水中，将其煮熟的方法。沸水煮一般适合形状较小或容易熟的肉类，以及蔬菜、意大利面等。

实践菜例 ❶ 波拉夫野米饭

1. 菜肴简介

手抓饭是我国新疆，以及中亚、西亚地区的流行菜肴。相传有位叫伊本·西拿的医生，他在晚年的时候，身体很虚弱，吃了很多药也无济于事，后来他研究出了一种饭进行食疗，结果身体慢慢好起来了。他选用了牛羊肉、胡萝卜、洋葱、清油、羊油和大米，加入水和盐后小火焖熟。这种饭有色、味、香俱全的特点，很能引起人们的食欲。

2．制作原料

主料：大米（印度香米）150克，野米50克。

辅料：洋葱25克。

调料：白色基础汤（鸡、羊、牛）2升，黄油20克，盐2克，胡椒粉1克。

3．工艺流程

主料洗净，洋葱切碎→热锅凉油→下洋葱炒香→放主料炒香→放盐、胡椒粉调味→放白色基础汤→烹熟→起锅装盘。

4．制作流程

（1）将锅烧热，加入黄油，炒洋葱碎，加入大米、野米和白色基础汤煮开，用盐和胡椒粉调味，盖上盖。

（2）用中火将饭煮熟或者将其放入200℃的烤炉内烤15～18分钟。

（3）当米饭成熟后，在上面撒少许洋葱颗粒，用叉子叉散。

5．重点过程图解

波拉夫野米饭重点过程图解如图2-1-1～图2-1-5所示。

图2-1-1　原料准备　　　图2-1-2　炒洋葱碎　　　图2-1-3　炒制米

图2-1-4　烤箱焖煮　　　图2-1-5　成品

6．操作要点

（1）野米比较硬，需要提前浸泡半小时。

（2）注意控制煮的温度和时间，把握米饭的成熟度。

（3）根据实际情况增加或者减少白色基础汤的用量，控制米饭口感。

（4）煮米时使用常温白色基础汤，可以使米粒更好地吸收白色基础汤，并且受热均匀。

7. 质量标准

波拉夫野米饭质量标准如表2-1-1所列。

表2-1-1　波拉夫野米饭质量标准

评价要素	评价标准	配分
味道	调味准确，咸酸适宜，口味适中	
质感	质感爽脆，无夹生或过熟的现象	
刀工	刀工精细，成型均匀	
色彩	米有光泽、粒粒分明	
造型	成型美观、自然	
卫生	操作过程、菜肴装盘符合卫生标准	

实践菜例❷　意大利肉酱面

1. 菜肴简介

意大利肉酱面是一道闻名世界的意式特色传统名菜，起源于都灵。一家意大利酒店餐厅的厨师于1898年准备了意大利面，以向意大利王国的统一致敬。这位厨师融合了两个遥远但最近统一领土的风味，利用肉糜和番茄沙司创造了意大利肉酱面。如今这道菜肴成为了意大利菜的标志。

2. 制作原料

主料：意大利面100克，牛肉糜150克。

辅料：胡萝卜碎10克，洋葱碎10克，西芹碎10克，去皮番茄80克，蒜碎5克。

调料：奶酪粉10克，番茄膏15克，红葡萄酒25毫升，白色基础汤50毫升，盐2克，胡椒粉1克，法香碎5克。

3. 工艺流程

净锅热锅凉油→下辅料炒香→放牛肉糜炒香→加番茄膏、红葡萄酒、白色基础汤煮制成肉酱→放盐、胡椒粉调味→煮意大利面→与肉酱混合→起锅装盘。

4. 制作流程

（1）将平底锅烧热并加入黄油，先放入洋葱碎、胡萝卜碎、西芹碎、蒜碎炒香，再放入牛肉糜炒香，随后加入红葡萄酒收汁，待酒精蒸发加入基础汤、法香碎，开大火煮开之后转小火熬制成肉酱，最后加入盐、胡椒粉调味。

（2）煮开水后加入盐，将意大利面煮制7分钟（中间有白点），捞出过凉水。

（3）将煮好的意大利面和肉酱拌匀，撒上奶酪粉即可。

5. 重点过程图解

意大利肉酱面重点过程图解如图2-1-6～图2-1-10所示。

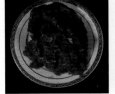

图 2-1-6　牛肉糜

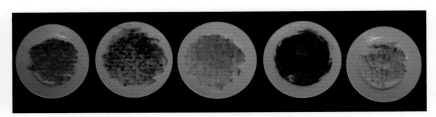

图 2-1-7　调辅料

图 2-1-8　制作肉酱

图 2-1-9　煮意大利面

图 2-1-10　成品

6. 操作要点

（1）注意控制煮肉酱时的火候，开大火煮开后全程小火，以免煮焦。

（2）注意肉酱的浓度，不宜过稀或过稠。

（3）注意煮制意大利面的时间及火候，以免过熟。

微课　意大利肉酱面

7. 质量标准

意大利肉酱面质量标准见表 2-1-2 所列。

表 2-1-2　意大利肉酱面质量标准

评价要素	评价标准	配分
味道	调味准确，咸中微酸，鲜香浓郁	
质感	口感层次丰富，意大利面不软不烂有嚼头	
刀工	刀工精细，成型均匀，符合"丁"的标准	
色彩	色泽红亮，有番茄的自然颜色，肉酱为棕褐色	
造型	成型美观、自然	
卫生	操作过程、菜肴装盘符合卫生标准	

 任务知识链接

　　在意大利的众多特色美食中，意大利肉酱面的起源似乎应归功于皮埃蒙特大区的首都——都灵。意大利肉酱面曾被认为起源于博洛尼亚，根据 2015 年的调查，博洛尼亚大学揭示出这道菜肴的起源可以追溯到都灵。两名研究人员 Patrizia Battilani 和 Guliana Bertagnone 的发现被记者安德烈·帕罗迪（Andrea Parodi）收录在他的 YouTube 频道上。帕罗迪说这道菜肴诞生于 19 世纪末。意大利肉酱面随着意大利移民传播至世界各地，成为意大利美食的代名词，至今仍无人能撼动其地位。

实践菜例 ❸ 意大利饺子

1. 菜肴简介

意大利饺子是一道闻名世界的意式特色传统名菜，它使用鸡蛋与面粉制作面皮，包裹意大利特有的馅料。与中国的饺子或者馄饨相比，意大利饺子主要是馅料不同，它会用到多种蔬菜，并加入芝士，面皮较厚，口感偏硬。

2. 制作原料

主料：意大利饺子皮 6 片（面团配方：面粉 100 克，鸡蛋 1 个，橄榄油 10 毫升）。

辅料：蘑菇 100 克，洋葱 100 克，胡萝卜 100 克，西葫芦 100 克，黄油 150 克，鲜奶油 100 毫升，葱碎 20 克。

调料：白葡萄酒 50 毫升，盐 5 克，黑胡椒粉 5 克。

3. 工艺流程

准备饺子皮→制作馅料→包饺子→煮饺子→制作酱汁→装盘。

4. 制作流程

（1）准备面粉、鸡蛋、橄榄油、少许盐和黑胡椒粉，将其揉成面团，用压面机制作成意大利饺子皮。

（2）将蘑菇切片、洋葱切丁、胡萝卜切丁、西葫芦切丁，备用。

（3）将洋葱丁、胡萝卜丁、西葫芦丁用黄油炒软炒香，加入盐和黑胡椒粉调味，作为馅料备用。

（4）用黄油炒洋葱丁、蘑菇片，加入白葡萄酒和鲜奶油煮至黏稠成酱汁。

（5）起一锅盐水煮熟意大利饺子，装盘加入酱汁，点缀葱碎即可。

5. 重点过程图解

意大利饺子重点过程图解如图 2-1-11～图 2-1-15 所示。

图 2-1-11 原料准备

图 2-1-12 炒馅料

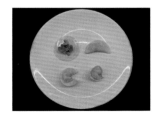
图 2-1-13 包饺子

图 2-1-14 煮饺子

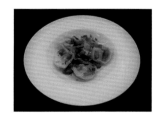
图 2-1-15 饺子装盘

6. 操作要点

（1）注意煮饺子的时间，以免煮烂。

（2）包饺子时候馅料不能太多，以免煮饺子时候胀裂。

7. 质量标准

意大利饺子质量标准见表 2-1-3 所列。

表 2-1-3　意大利饺子质量标准

评价要素	评价标准	配分
味道	调味准确，奶香味浓郁	
质感	口感层次丰富，蔬菜软烂，饺子有嚼头	
刀工	刀工精细，成型均匀	
色彩	酱汁奶白，饺子微黄、稍微有白色	
造型	成型美观、自然	
卫生	操作过程、菜肴装盘符合卫生标准	

任务知识链接

除了煮这种烹调方式，温煮法（Poach）也是西餐中常用的。温煮法也被称为湿加热技法，是将食物浸在较低温的液体内，可以是水，也可以是牛奶、高汤、葡萄酒等。使用温煮法烹饪的温度介于 71～85℃。相比于沸煮法，温煮法更适用于煮鸡蛋、鱼类等较为精细的食物，不会将其煮散或者煮过熟。在 71～85℃ 的条件下，食物中的蛋白质会变性，同时又较好地保持了内部的水分，维持了食物原本的风味。例如，可以用温煮法制作水波蛋，在 80℃ 的水中，蛋白凝固变性，蛋黄又恰到好处地流动，这正是温煮法的魅力。

任务二　烩

学习目标

☆ 了解烩的概念、技法特点、操作关键及分类。

☆ 掌握实践菜例的制作工艺，能自主完成实践菜例的制作。

☆ 掌握红烩和白烩的区别。

▶ **相关知识**

烩（Stew）是将初步加工或经刀工处理后的原料用煎（或其他方法）定型或定型上色

后，在少司中加热成熟的方法。

根据少司色泽的不同，烩可分为红烩和白烩。

（1）红烩又被称为褐汁烩，是将原料煎制定型并且上色后，放在褐色少司等深色少司中烩制成熟的方法。菜肴制作成熟后，具有色泽呈棕褐色或者红褐色、味道香浓的特点。

（2）白烩又被称为白汁烩，是将原料煎制定型但不上色，放在白色少司等浅色少司中烩制成熟的方法。菜肴制作成熟后，具有色泽乳白、味道香浓的特点。

实践菜例❶　意大利蘑菇烩饭

1. 菜肴简介

意大利蘑菇烩饭是意大利的传统菜肴。它起源于盛产稻米的意大利北部，是米兰地区很有特色的菜肴。传说，这道菜肴是和面条一起由中国传入意大利的。在意大利北部，所有的厨师都知晓这个菜肴，他们会将黄油、奶油、芝士和高汤等原料及当地特产加入其中，使烩饭柔滑浓香。

2. 制作原料

主料：意大利烩饭专用米 150 克（东北大米可代替）。

辅料：白蘑菇 80 克，干葱头 20 克，蒜碎 5 克。

调料：白色基础汤 2 升，白葡萄酒 30 毫升，奶油 20 毫升，黄油 30 克，帕玛森芝士粉 30 克，盐 2 克，黑胡椒粉 1 克，香叶 1 片，百里香 5 克。

3. 工艺流程

主料洗净、辅料加工→净锅热锅凉油→放干葱碎、蒜碎炒香→放主料炒香→放白葡萄酒、百里香、香叶→烩入白色基础汤至熟→制作蘑菇酱与饭混合→放盐、黑胡椒粉、奶油、帕玛森芝士粉调味→起锅装盘。

4. 制作流程

（1）将白蘑菇去皮，切丁；干葱头切碎；大米洗净、沥干。

（2）向热锅中放入黄油，用小火煸炒干葱碎、蒜碎，待葱碎变色放入大米炒香。

（3）加入白葡萄酒、百里香、香叶微煮至酒精蒸发。

（4）加入微沸的白色基础汤浸过大米，待米粒吸收高汤较干时，再次加入白色基础汤，不断重复这个过程，直到米粒还有少许白粒为止。

（5）另起一口锅，加入黄油，小火煸炒蘑菇丁至脱水，随后将炒好的蘑菇丁与米饭混合在一起，放入盐、黑胡椒粉、奶油、帕玛森芝士粉调味。

（6）摆盘撒上帕玛森芝士粉，淋少许橄榄油即可。

5. 重点过程图解

意大利蘑菇烩饭重点过程图解如图 2-2-1～图 2-2-6 所示。

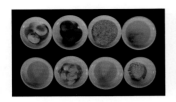

图2-2-1 主辅料展示

图2-2-2 初加工

图2-2-3 原料炒制

图2-2-4 高汤烩制

图2-2-5 微煮

图2-2-6 成品

6. 操作要点

（1）炒的时候要注意火候，不要炒焦以免产生苦味。

（2）注意控制烩制的温度和时间，把握米饭的成熟度。

（3）控制好米饭最后的稠度，需要有少许流动性，不能太干，并且粒粒分明。

微课 意大利蘑菇烩饭

7. 质量标准

意大利蘑菇烩饭质量标准见表2-2-1所列。

表2-2-1 意大利蘑菇烩饭质量标准

评价要素	评价标准	配分
味道	调味准确，咸香适口，奶香、蘑菇风味相得益彰，没有苦味	
质感	米饭带有少许脆感	
刀工	刀工精细，成型均匀	
色彩	米饭有光泽、粒粒分明	
造型	成型美观、自然	
卫生	操作过程、菜肴装盘符合卫生标准	

实践菜例❷ 匈牙利烩牛肉

1. 菜肴简介

烩牛肉是匈牙利的代表菜肴之一，也是典型的烩制菜肴。匈牙利牧民在草原上燃起篝火，在铸铁锅里炖牛肉，牧民称其为"Gulyas"，烩牛肉（Goulash）因此而来。匈牙利烩牛肉最重要的原料是匈牙利红椒粉（Paprika），它由红甜椒烘干研磨而成，闻起来辛香，吃起来微甜而不辣。除增加风味之外，红椒粉还为匈牙利烩牛肉赋予了浓艳的红色。经过多年来的改良，匈牙利厨师也会在烩牛肉中加入番茄和番茄膏提升口感。

2. 制作原料

主料：净牛肋排肉 350 克。

辅料：洋葱 100 克，土豆 150 克，胡萝卜 100 克，去皮番茄 150 克，大蒜 10 克。

调料：高汤（棕色基础汤）2 升，红葡萄酒 50 毫升，红椒粉 30 克，盐 4 克，黑胡椒粉 2 克，香叶 1 片，百里香 10 克，盐 3 克，黑胡椒粉 5 克。

3. 工艺流程

主料洗净切块腌制，辅料切滚刀→净锅热锅凉油→放主料煎香→放大蒜、洋葱、去皮番茄炒香→放红葡萄酒→放红椒粉、高汤、百里香、香叶与主料烩煮→放盐、黑胡椒粉调味→起锅装盘。

4. 制作流程

（1）把牛肉切成 4 厘米见方的块，用红椒粉、盐、黑胡椒粉腌制；洋葱、土豆、胡萝卜去皮，洗净，切成同牛肉块大小一样的滚刀块；大蒜去皮、拍扁。

（2）将锅烧热加入冷油，大火煎牛肉至四面呈棕褐色时盛出备用。

（3）向锅中放入油，加入洋葱片、大蒜炒香，加入红葡萄酒、百里香、香叶微煮至酒精蒸发，加入牛肉块、红椒粉、棕色基础汤，大火煮开后改用小火煮 1.5 小时左右。

（4）待牛肉微烂，加入土豆块、胡萝卜块再煮半个小时，加入盐、黑胡椒粉调味即可。

5. 重点过程图解

匈牙利烩牛肉重点过程图解如图 2-2-7～图 2-2-12 所示。

图 2-2-7　原料展示

图 2-2-8　肉类初加工

图 2-2-9　蔬菜初加工

图 2-2-10　煎制

图 2-2-11　烩制

图 2-2-12　成品

6. 操作要点

（1）煎牛肉时要注意火候，煎至呈棕褐色才有风味。

（2）初加工时注意原料的大小要一致。

（3）注意控制烩制牛肉的温度和时间，避免牛肉太硬或者太烂。

7. 质量标准

匈牙利烩牛肉质量标准见表 2-2-2 所列。

表 2-2-2　匈牙利烩牛肉质量标准

评价要素	评价标准	配分
味道	调味准确，咸香适口，微酸开胃，牛肉味道充足	
质感	原料微烂，汤汁浓稠度适中	
刀工	刀工精细，成型均匀	
色彩	牛肉、汤汁呈棕褐色	
造型	成型美观、自然	
卫生	操作过程、菜肴装盘符合卫生标准	

8. 拓展知识

爱尔兰炖羊肉是爱尔兰的国菜代表。扫描右侧二维码，学习爱尔兰炖羊肉的制作原料、制作流程和操作要点。

微课　爱尔兰炖羊肉

实践菜例❸　奶油蘑菇烩鸡

1. 菜肴简介

奶油蘑菇烩鸡是法国的家常菜肴，也是典型的白烩菜肴。在法国，人们会用当地特产的白葡萄酒或红葡萄酒搭配时令蘑菇与鸡肉一同烩制。在法国，每个家庭做出的这道菜肴都有自己的味道。

2. 制作原料

主料：鸡腿 250 克。

辅料：口蘑 100 克，洋葱 50 克，大蒜 10 克。

调料：奶油 80 毫升，白葡萄酒 80 毫升，鸡汤 300 毫升，黄油 50 克，香叶 1 片，百里香 10 克，盐 3 克，黑胡椒粉 5 克。

3. 工艺流程

主料洗净、整理形状腌制，辅料切块→热锅凉油→放主料煎香→放大蒜、洋葱炒香→放白葡萄酒、百里香、香叶微煮→放鸡汤与主料烩煮→放奶油烩煮→放盐、黑胡椒粉调味→起锅装盘。

4. 制作流程

（1）把鸡腿修成漏出腿骨且呈棒槌形状的样子，用盐和黑胡椒粉腌制；口蘑切丁；洋葱切碎；大蒜去皮、切碎。

（2）将锅烧热加入冷油，大火煎鸡腿至呈金黄色，盛出备用。

（3）向锅中放入油，先加入洋葱碎、大蒜碎炒香，放入口蘑丁炒香，再加入白葡萄酒、百里香、香叶微煮至酒精蒸发，加入鸡腿、鸡汤，大火煮开后改用小火煮至鸡腿微烂。

（4）加入奶油煮制黏稠，加入盐、黑胡椒粉调味即可。

5. 重点过程图解

奶油蘑菇烩鸡重点过程图解如图2-2-13～图2-2-18所示。

图2-2-13 原料展示

图2-2-14 肉类初加工

图2-2-15 蔬菜初加工

图2-2-16 煎制

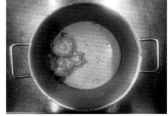
图2-2-17 烩制

图2-2-18 成品

6. 操作要点

（1）煎鸡腿时要注意火候，煎成色泽棕黄才有风味。

（2）注意煮制鸡腿的时间和温度，以免鸡腿太过软烂。

（3）奶油很容易油水分离，加入后注意控制火候。

7. 质量标准

奶油蘑菇烩鸡质量标准见表2-2-3所列。

表2-2-3 奶油蘑菇烩鸡质量标准

评价要素	评价标准	配分
味道	调味准确，咸香适口，奶香味足	
质感	鸡腿微烂，汤汁浓稠度适中	
刀工	刀工精细，成型均匀	
色彩	汤汁微黄，鸡腿呈棕黄色	
造型	成型美观、自然	
卫生	操作过程、菜肴装盘符合卫生标准	

实践菜例 ❹ 法式红酒烩鸡

1. 菜肴简介

法式红酒烩鸡是法国的经典菜肴，也是典型的红烩菜肴。相传，这道菜肴的历史可以追溯到恺撒征服高卢时期。阿维尔尼部落的首领为了表达对其围攻的罗马人的蔑视，给恺撒送去了一只象征高卢人骁勇坚强的公鸡，而恺撒则礼貌地回请这位部落首领参加晚宴，晚宴上的菜肴就是用红酒煮熟的首领送来的公鸡。现在，在法国勃艮第地区，当地人会用自产的红酒烹调鸡肉。

2. 制作原料

主料：鸡腿 250 克。

辅料：口蘑 80 克，洋葱 50 克，培根 50 克，面粉 50 克，大蒜 10 克。

调料：红葡萄酒 500 毫升，鸡汤 200 毫升，盐 5 克，黑胡椒粉 2 克，澄清黄油 50 毫升，香叶 1 片，百里香 10 克。

3. 工艺流程

主料洗净、整理形状腌制，辅料切块→热锅凉油→放主料煎香→放培根、大蒜、洋葱炒香→放红葡萄酒、鸡汤、迷迭香、香叶和主料烩煮→加盐、黑胡椒粉调味→起锅装盘。

4. 制作流程

（1）把鸡洗净，取鸡腿并去掉多余皮脂制成棒槌状，先撒上盐和黑胡椒粉，再粘面粉；口蘑切小块；培根切片；洋葱切片；大蒜去皮、拍扁。

（2）将锅烧热加放冷油，将鸡腿煎至呈金黄色盛出备用。

（3）向煎鸡腿的锅中放入少许油，先加入洋葱、大蒜炒香，放入口蘑炒香，再加入鸡腿、红葡萄酒、鸡汤、百里香、香叶，大火煮开后改用小火煮制半小时。

（4）加入盐、黑胡椒粉调味即可。

5. 重点过程图解

法式红酒烩鸡重点过程图解如图 2-2-19～图 2-2-24 所示。

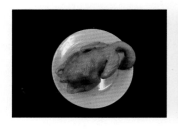 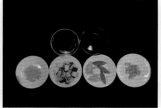 

图 2-2-19 主料展示　　　图 2-2-20 辅调料展示　　　图 2-2-21 初加工

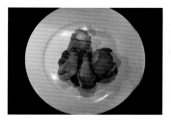  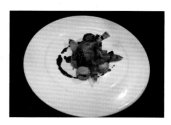

图 2-2-22　煎制成金黄色　　　　图 2-2-23　烩制　　　　图 2-2-24　成品

6. 操作要点

（1）煎鸡腿时要注意火候，煎成金黄色才有风味。

（2）注意煮制鸡腿的时间和温度，以免鸡腿太过软烂。

微课　法式红酒烩鸡

7. 质量标准

法式红酒烩鸡质量标准见表 2-2-4 所列。

表 2-2-4　法式红酒烩鸡质量标准

评价要素	评价标准	配分
味道	调味准确，咸香适口，红酒味浓郁	
质感	鸡腿微烂，汤汁浓稠度适中	
刀工	刀工精细，成型均匀	
色彩	汤汁棕红色，鸡腿金黄色	
造型	成型美观、自然	
卫生	操作过程、菜肴装盘符合卫生标准	

8. 知识拓展

啤酒烩鸡是一道经典的烩制创新菜肴，请扫描右侧二维码学习
啤酒烩鸡的制作原料、制作流程和操作要点。

微课　啤酒烩鸡

 任务知识链接

　　烩是一种古老的烹调方法，在新石器时代人们开始用水煮食物时，就创造了这种可以使酱汁能够更好地与食物融合的烹饪方法。

　　烩制食物的工具有以下 3 种。

　　（1）传统炉灶：利用传统炉灶是进行烩制最简单的，不需要很难的烹饪技法，只需要把酱汁和食材放在锅里小火烹制至两者完全融合。

　　（2）烤箱：将食物和酱汁混合之后放入烤箱中长时间烩制，这是餐厅最常用的方法，可以一次性大批量制作菜肴，而且容易控制时间和温度。

　　（3）电磁炉：可以调整温度和时间，还可以使用传统的烩制方法使食物更加软烂、入味。

任务三　焖

☆ 了解焖的概念、技法特点、操作关键及分类。

☆ 掌握实践菜例的制作工艺，能自主完成实践菜例的制作。

☆ 掌握焖和烩的区别。

▶ **相关知识**

焖（Braise）也被称为煨、烧等，是将初步加工或者经刀工处理后的大型原料或者整只原料用煎（或其他方法）定型或定型上色后，在汤汁中加热成熟的方法。

焖和烩有相似之处，但在实际操作中，焖和烩的区别比较大，具体如下。

（1）焖多用于形状比较大的原料，特别是肉类原料。

（2）焖的时间通常比较长，并且加热过程中需要加盖密封，以形成菜肴口感松软、汁稠味浓的特点。

（3）焖的传热介质一般是体质轻盈的汤汁，而烩的主要传热介质是体质比较浓稠的少司。

实践菜例 ❶　法式焖牛肉

1. 菜肴简介

法式焖牛肉是一道法国的传统名菜。每当天气转凉，法国人就会用胡萝卜、大葱白、法国白萝卜、洋葱、芹菜梗等搭配不同部位的牛肉一同焖煮，通常会选用一些带筋的牛肉。

2. 制作原料

主料：整牛肉（胸肉、肋排、后脑）350 克。

辅料：胡萝卜 80 克，土豆 80 克，扁叶葱 30 克，洋葱 50 克，茴香头 30 克，大蒜 10 克。

调料：丁香 2 粒，黑胡椒粒 2 克，百里香 10 克，盐 3 克，胡椒粉 2 克。

3. 工艺流程

主料初加工，辅料切块→主料、辅料一同焖煮→加盐、胡椒粉调味→起锅装盘。

4. 制作流程

（1）将牛肉用厨房纸吸干水分；洋葱、胡萝卜（一半）洗净，去皮，切块；土豆和另一半胡萝卜削成橄榄状。

（2）将主料和胡萝卜块、扁叶葱、洋葱、茴香头、大蒜、丁香、黑胡椒粒用小火焖煮 3 小时，在煮的过程中要随时撇去表面的浮沫。

（3）当牛肉煮熟后，捞出调料，让牛肉仍浸在汤汁中。将牛肉汤晾凉 30 分钟以上，撇去浮油，控掉沉下去的杂质，使汤汁清澈。

（4）先将橄榄状的土豆放入锅内焖至八成熟，再将橄榄状的胡萝卜放入一起焖熟，加入盐、胡椒粉调味。

（5）摆盘时，把蔬菜盛在汤盘底部，牛肉切成厚片码放在蔬菜上，加入牛肉汤。

5. 重点过程图解

法式焖牛肉重点过程图解如图2-3-1~图2-3-6所示。

图2-3-1　主辅料展示

图2-3-2　肉类初加工

图2-3-3　蔬菜初加工

图2-3-4　焖煮

图2-3-5　牛肉浸泡

图2-3-6　成品

6. 操作要点

（1）牛肉需要煮够时间，直至软烂。

（2）注意土豆和胡萝卜煮制的时间，以免影响口感。

（3）汤汁中的浮油须清理干净，否则会影响成品品质。

7. 质量标准

法式焖牛肉质量标准见表2-3-1所列。

表2-3-1　法式焖牛肉质量标准

评价要素	评价标准	配分
味道	调味准确，咸香适口	
质感	牛肉软烂，蔬菜刚好熟透	
刀工	刀工精细，成型均匀	
色彩	牛肉汤颜色清亮	
造型	成型美观、自然	
卫生	操作过程、菜肴装盘符合卫生标准	

实践菜例 ❷ 印度咖喱鸡

1. 菜肴简介

咖喱的品种非常多，在南亚、东南亚地区每个国家都有自己的特色风味咖喱。咖喱起源于印度，传说是释迦牟尼所创以帮助人们度过饥荒苦难。在历史上，印度被蒙古人所建立的莫卧儿帝国统治过，间从波斯传来的饮食习惯影响了印度人的烹调风格直到现今。

2. 制作原料

主料：鸡腿 250 克。

辅料：胡萝卜 80 克，土豆 80 克，洋葱 100 克，去皮番茄 80 克，大蒜 10 克。

调料：牛肉基础汤 1 升，奶油 30 毫升，番茄膏 30 克，咖喱粉 20 克，咖喱膏 10 克，孜然粉 5 克，盐 3 克，胡椒粉 2 克。

3. 工艺流程

主辅料初加工→热锅凉油→主料煎香→炒洋葱、去皮番茄、大蒜，加部分高汤、调料制成酱→加高汤与主料、胡萝卜、土豆焖煮→加盐、胡椒粉、奶油调味→起锅装盘。

4. 制作流程

（1）把鸡腿去除多余油脂修成棒槌形状，放入煎锅内煎成金黄色；胡萝卜、土豆去皮洗净，切滚刀块；洋葱切碎；去皮番茄切碎；大蒜切碎。

（2）热锅凉油，将鸡腿煎成四面金黄盛出备用。用锅中剩下的鸡油把洋葱碎、大蒜碎炒出香味，先加入番茄膏、去皮番茄炒至软烂，再加入咖喱膏、咖喱粉、孜然粉和部分高汤微煮，用破壁机打成咖喱酱。

（3）将土豆、胡萝卜、鸡腿、咖喱酱、剩余高汤放入锅中，用小火焖煮至鸡腿微烂，土豆、胡萝卜熟透，加入盐、胡椒粉、奶油调味即可。

5. 重点过程图解

印度咖喱鸡重点过程图解如图 2-3-7～图 2-3-12 所示。

图 2-3-7　原料展示　　　　图 2-3-8　蔬菜初加工　　　图 2-3-9　鸡肉初加工

图 2-3-10　制作咖喱酱

图 2-3-11　焖制

图 2-3-12　成品

6. 操作要点

（1）炒制咖喱酱时需要足够的时间将所有食材炒制软烂，否则会影响口感。

（2）注意焖煮的时间，特别是焖煮土豆和胡萝卜的时间。

（3）焖煮时需要定时搅拌，以免煳底。

微课　印度咖喱鸡

7. 质量标准

印度咖喱鸡质量标准见表 2-3-2 所列。

表 2-3-2　印度咖喱鸡质量标准

评价要素	评价标准	配分
味道	调味准确，咸香适口，咖喱味浓	
质感	鸡腿软烂，蔬菜刚好熟透	
刀工	刀工精细，成型均匀	
色彩	咖喱呈淡棕黄色，色泽油亮	
造型	成型美观、自然	
卫生	操作过程、菜肴装盘符合卫生标准	

任务知识链接

咖喱是用多种香料调配而成的酱料，常见于印度菜、泰国菜和日本菜等，一般伴随肉类和米饭一起食用。

咖喱起源于印度，"咖喱"一词来源于泰米尔语，是"许多的香料加在一起煮"的意思。咖喱的辛辣与香味可以有效刺激人们的食欲，它是南亚、东南亚等地人民重要的调味剂。

实践菜例❸　焖牛尾

1. 菜肴简介

焖牛尾是法国冬季的时令菜肴，也是一道非常传统的法国菜。法国人会把含有丰富蛋白质、脂肪、维生素的牛尾搭配当地产的红葡萄酒和当季蔬菜一起焖煮至软烂，让甘甜的蔬菜、微酸的葡萄酒、咸香的牛尾三者充分结合起来，相得益彰。

2. 制作原料

主料：牛尾 250 克。

辅料：培根 50 克，洋葱 50 克，胡萝卜 50 克，西芹 50 克，大蒜 10 克，去皮番茄 100 克。

调料：法香 10 克，百里香 10 克，牛至叶 10 克，红葡萄酒 60 毫升，棕色牛肉基础汤 1 升，番茄膏 20 克，盐 3 克，胡椒粉 5 克。

3. 工艺流程

主料初加工、腌制，辅料初加工→热锅凉油→主料煎香→炒辅料→加红葡萄酒、棕色牛肉基础汤与主料焖煮→加盐、胡椒粉调味→起锅装盘。

4. 制作流程

（1）将大块牛尾去皮，去除多余肥肉、筋膜，用盐、胡椒粉、大蒜、百里香、牛至叶腌制备用；培根、洋葱切片；胡萝卜切小块；西芹切块；大蒜拍扁；去皮番茄切碎。

（2）热锅凉油，将牛尾煎成四面金黄盛出备用。用锅中剩下的油炒培根逼出油脂，先放入洋葱、大蒜炒出香味，再加入胡萝卜、西芹炒软，加入番茄膏、去皮番茄炒软，加入红葡萄酒，待酒精蒸发之后加入棕色牛肉基础汤煮沸，加入盐、胡椒粉、百里香、法香，盖上盖，焖至软烂。

（3）取出牛尾，搭配焖好的蔬菜酱汁即可。

5. 重点过程图解

焖牛尾重点过程图解如图 2-3-13～图 2-3-18 所示。

图 2-3-13　原料展示

图 2-3-14　肉类初加工

图 2-3-15　蔬菜初加工

图 2-3-16　牛尾煎至上色

图 2-3-17　焖煮

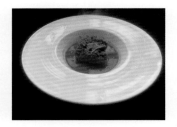

图 2-3-18　成品

6.操作要点

（1）掌握汤汁用量，应浸没原料的1/2。

（2）牛尾一定要煎至上色，以增加风味。

（3）焖煮时要定时搅拌，以免煳底。

7.质量标准

焖牛尾质量标准见表2-3-3所列。

表2-3-3　焖牛尾质量标准

评价要素	评价标准	配分
味道	调味准确，咸香适口	
质感	牛尾和蔬菜软烂	
刀工	刀工精细，成型均匀	
色彩	酱汁油亮，呈棕褐色	
造型	成型美观、自然	
卫生	操作过程、菜肴装盘符合卫生标准	

 任务知识链接

在西餐中，焖通常用于肉类的烹饪，使肉类变得酥烂。焖使肌肉中的筋膜、链接组织溶解，一部分变得软嫩，一部分变成胶质融化在汤汁里。离开了链接组织，肌肉就会变得松弛、软烂、入口即化。

焖制炊具主要有以下3种。

（1）高压锅：最快捷的工具，它可以快速溶解肌肉中的组织。根据肉类的老嫩程度确定焖制时间，一般控制在15~60分钟。高压锅会使肉质变柴，水分流失过多。

（2）烤箱：使用烤箱焖制肉类要用2~3小时，汤汁温度为80~90℃，会缓慢溶解肌肉中的链接组织。用烤箱焖制的肉质比较软烂，口感较好。

（3）慢煮机：使用慢煮机焖制肉类会用很长时间，根据肉的大小可能要用6~8小时。汤汁温度是3种工具中最低的，只有75~80℃，肉类中的汁水会被最大限度地保留，口感极佳。

单元三　铁扒、烤、焗烹调技法

铁扒、烤、焗都是利用辐射、气态介质传递热能制熟的烹调方法，是最古老的西餐烹调方法。烹饪时的温度能达到 150℃ 以上，可使食物外层焦化上色，并且保留食物内部的水分。

任务一　铁扒

▶ **相关知识**

铁扒（Grilling）是西餐中应用广泛的烹调方法之一。该烹调方法源于烹制的工具——铁扒，又称扒炉。铁扒是将加工好的原料调味后，在扒炉上扒制成熟，呈现出网状焦纹。铁扒对火候要求严格，扒制菜肴的成熟度一般根据顾客的要求掌握。

1. 铁扒适用的原料

铁扒主要适用于动物性原料，一般将原料加工成厚片状，可以带骨也可以不带骨。

2. 铁扒的火候控制

控制好铁扒的火候是烹饪菜品的关键。一般应先用大火再用小火，使成品呈现色泽深褐的网纹或条状纹，外焦里嫩。扒制菜肴的成熟度特点见表 3-1-1 所列。

表 3-1-1　扒制菜肴的成熟度特点

项目	生（Rare）	半生熟（Medium）	七八成熟（Medium Well-done）	全熟（Well Done）
质地	仅表面结出硬膜，内部全生、柔软、松弛	约 1/2 的原料成熟，有一定硬度，内部松弛，断面渗出少量血汁	约 3/4 的原料成熟，表面硬，中间较软，断面暗红	原料的中心部分成熟，质硬
颜色	内部深红色	内部血红色	内部中心淡红色	里外同色
内部温度	30～40℃	50～55℃	60～65℃	70～80℃

实践菜例 ❶　苹果猪扒

1. 菜肴简介

美国盛产水果，在美式菜肴中，水果用得也比较多，如香蕉、苹果、梨、橙子等，做沙拉较为普遍。美国人在做热菜时也常使用水果，如菠萝焗火腿、苹果烤火鸡、苹果猪扒、炸香蕉等，口味清淡、鲜甜，苹果猪扒是典型的美式菜肴。

2. 制作原料

主料：猪扒 250 克。

辅料：绿苹果 1 个，红苹果 1 个，柠檬 1 个，胡萝卜 30 克，洋葱 120 克，西芹 30 克，红椰菜 100 克。

调料：细砂糖 30 克，色拉油 40 毫升，干红葡萄酒 20 毫升，白兰地酒 20 毫升，苹果酒 50 毫升，布朗牛肉基础汤 500 毫升，香料 1 束，红酒醋 40 毫升，红葱 5 克，肉桂 1 支，杜松子 1 克，香叶 1 片，丁香 1 克，玉米淀粉 10 克，水 100 毫升，盐 3 克，胡椒粉 3 克。

3. 工艺流程

主辅料洗净加工→净锅热锅凉油→炒辅料、调料后加水煮红椰菜，然后入烤炉→制作焦糖苹果角→制作苹果酒少司→猪排调味扒制→装盘。

4. 制作流程

（1）将柠檬榨汁，红苹果去皮、去芯，切成苹果角，加入 1/2 的柠檬汁拌匀；猪肉边角料切成 3 厘米见方的块；胡萝卜、洋葱、西芹切丁；红椰菜切丝；红葱切丁；绿苹果去皮切成丁；将肉桂、杜松子、香叶、丁香做成香料包；玉米淀粉加水调匀成淀粉糊备用。

（2）将少司锅置于中火上，加油烧热，放入红葱丁和绿苹果丁炒香，加入干红葡萄酒、红酒醋、细砂糖（15 克）和少许水煮沸，放入红椰菜和香料袋，加盖后送入 170℃ 的烤炉内烤制，至红椰菜软熟后取出，去除香料袋，加入盐和胡椒粉调味，保温备用。

（3）向煎锅内放入剩余的细砂糖和 1/2 的柠檬汁，用小火煮至细砂糖溶化，成焦糖后放入红苹果角，蘸匀焦糖浆，撒盐调味成焦糖苹果角，保温备用。

（4）将少司锅置于中火上，加油烧热，放入猪肉边角料，煎至呈棕褐色时加入胡萝卜丁、洋葱丁、西芹丁炒上色，先加入白兰地酒点燃，再加入苹果酒煮至剩 1/2，倒入布朗牛肉基础汤，加香料包煮沸，转小火浓缩 30 分钟，加入淀粉汁勾芡，浓稠后过滤，加入盐和胡椒粉调味成苹果酒少司。

（5）预热条形坑扒炉，猪扒上撒盐和胡椒粉，刷油后放于热扒炉上扒制，至均匀上色，扒出条形焦纹，猪扒刚熟时装盘，配红椰菜、焦糖苹果角和苹果酒少司即成。

5. 重点过程图解

苹果猪扒重点过程图解如图 3-1-1～图 3-1-6 所示。

图 3-1-1　主辅料展示

图 3-1-2　蔬菜初加工

图 3-1-3　扒猪排

图 3-1-4　制作焦糖苹果角

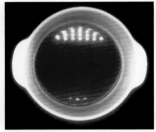
图 3-1-5　制作苹果酒少司

图 3-1-6　成品

6. 操作要点

（1）注意控制扒炉的温度。

（2）在制作焦糖苹果角时，要注意火候，火力应小，切忌焦煳，将苹果角蘸匀糖浆即可。

（3）重点控制猪扒的成熟度，将其扒至刚熟，表面呈现均匀焦纹即可，不宜过老。

7. 质量标准

苹果猪扒质量标准见表 3-1-2 所列。

表 3-1-2　苹果猪扒质量标准

评价要素	评价标准	配分
味道	调味准确，微酸咸鲜	
质感	猪扒外焦里嫩、质感滑嫩，口感层次丰富	
刀工	刀工精细，成型均匀，符合西餐扒类菜肴的标准	
色彩	色泽鲜明，汤汁明亮，配菜搭配合理	
造型	成型美观、自然	
卫生	操作过程、菜肴装盘符合卫生标准	

实践菜例 ❷ 铁扒牛肉大虾

1. 菜肴简介

铁扒牛肉大虾是一道西餐名菜，也是西餐的代表菜肴。在我国它有一个别具特色的名称，叫作"海陆双飞"，因为这道菜肴既有陆地上的高档食材牛扒，又有海里的高档食材海虾。

2. 制作原料

主料：牛里脊肉 250 克，大虾 100 克。

辅料：小洋葱 30 克，他拉根草 20 克，蛋黄 1 个，法香 10 克。

调料：干白葡萄酒 40 毫升，黄油 100 克，粗胡椒粉 3 克，盐 5 克，斑尼士少司 100 毫升。

3. 工艺流程

主辅料洗净加工→条扒炉烧热→牛扒调味后上扒炉扒出网状花纹→扒至顾客要求的成熟度→装盘。

4. 制作流程

（1）将牛肉去筋，用刀背拍松，修整成型，冷藏备用。将他拉根草、小洋葱、法香分别切碎。

（2）将条扒炉烧热，刷上油。在牛肉上撒适量的盐、粗胡椒粉，刷上油，放在条扒炉上，扒成网状花纹。根据顾客要求制作成生牛扒、半成熟、七八成熟或全熟。

（3）将牛扒放在盘子中，配上斑尼士少司和配菜即可。

5. 重点过程图解

铁扒牛肉大虾重点过程图解如图 3-1-7～图 3-1-12 所示。

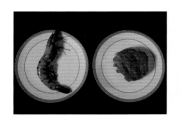

图 3-1-7 主料展示

图 3-1-8 牛肉初加工

图 3-1-9 大虾初加工

图 3-1-10 扒牛柳

图 3-1-11 扒大虾

图 3-1-12 成品

6. 操作要点

（1）注意控制牛扒的成熟度，以顾客要求为准。

（2）需要扒出美观的纹路。

7. 质量标准

铁扒牛肉大虾质量标准见表 3－1－3 所列。

表 3－1－3　铁扒牛肉大虾质量标准

评价要素	评价标准	配分
味道	调味准确，口味咸鲜	
质感	牛扒外焦里嫩，大虾质感滑嫩，口感层次丰富	
刀工	加工精细，成型均匀，符合西餐扒类菜肴的标准	
色彩	色泽鲜明，汤汁明亮，配菜搭配合理	
造型	成型美观、自然	
卫生	操作过程、菜肴装盘符合卫生标准	

实践菜例❸　扒虹鳟鱼排配刁草奶油少司

1. 菜肴简介

虹鳟是世界上广泛养殖的冷水鱼，因成熟个体身体两侧沿侧线各有一条棕红色纵纹酷似彩虹，故而得名。它原产于北美洲北部和太平洋西岸，主要生活在低温淡水中，对养殖水域的水质要求较高。扒虹鳟鱼排配刁草奶油少司以扒的方法制作，佐以新鲜刁草制作的奶油汁，相得益彰，是一道不可多得的美食。

2. 制作原料

主料：虹鳟鱼 200 克。

辅料：淡奶油 100 毫升，鲜柠檬汁 10 毫升，鲜刁草 30 克。

调料：白葡萄酒 100 毫升，盐 5 克，白胡椒粉 2 克。

3. 工艺流程

虹鳟鱼加工成鱼排→调味腌制→条扒炉烧热→鱼排入扒炉扒出网状花纹→制作刁草少司→汁淋鱼排上→装盘。

4. 制作流程

（1）将虹鳟鱼的鳞、头和内脏去掉，洗净，控干水分。从鱼的背部下刀，横向切成 3 厘米厚的鱼排。

（2）在鱼排表面撒上盐、白胡椒粉和鲜柠檬汁腌制调味，用热的扒条炉把鱼排扒熟，并使鱼排外表呈网纹状。

（3）将鲜刁草洗净，去梗，留叶备用。

（4）将淡奶油和白葡萄酒倒入少司锅内，用小火煮 10～20 分钟，使其中的水分慢慢蒸发，待呈稠状时加入刁草、盐即制成刁草少司。

（5）把刁草少司浇在扒好的鱼排上。

5. 重点过程图解

扒虹鳟鱼排配刁草奶油少司重点过程图解如图 3-1-13～图 3-1-17 所示。

图 3-1-13 主料展示

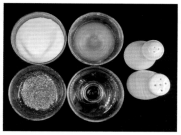
图 3-1-14 辅调料展示

图 3-1-15 主料改刀

图 3-1-16 制作刁草少司

图 3-1-17 成品展示

6. 操作要点

（1）扒鱼之前一定要将条扒炉烧热，并在炉条上刷油，以免粘连。

（2）出品时可配炸薯条和黄油时蔬。

7. 质量标准

扒虹鳟鱼排配刁草奶油少司质量标准见表 3-1-4 所列。

表 3-1-4 扒虹鳟鱼排配刁草奶油少司质量标准

评价要素	评价标准	配分
味道	调味准确，口味咸鲜	
质感	鱼排外焦里嫩，质感细滑，口感鲜美	
刀工	加工精细，成型均匀，符合西餐扒类菜肴的标准	
色彩	色泽鲜明，汤汁明亮，装盘搭配合理	
造型	成型美观、自然	
卫生	操作过程、菜肴装盘符合卫生标准	

任务知识链接

三文鱼和虹鳟的区别

（1）纹理和颜色：三文鱼的脂肪含量高，肉色偏橙黄色，白色花纹更白，线条较宽，并且线条边缘比较模糊；虹鳟的脂肪含量少，线条细而且边缘很硬，也就是红白相间很明显。

（2）厚度：三文鱼鱼片一般可以切成厚块（0.7～1cm），厚度很厚；虹鳟鱼肉质比较硬，不能切这么厚，否则咀嚼费力。

（3）光泽：三文鱼鱼肉看起来比较亮，有油油的光泽，在灯光下会隐约反光；虹鳟鱼肉在灯光下黯淡无光。

（4）口感：优质的三文鱼鱼肉可以切得很厚，入口结实饱满、鱼油丰盈，有入口即化的感觉，加之弹性十足，在咀嚼时会有肉不断挤压牙齿和嘴巴的感觉，熟制后的三文鱼鱼肉呈粉红色，鲜嫩可口、入口香甜、味美；虹鳟鱼肉更有嚼头，但因脂肪含量少，没有那么香，熟制后的虹鳟鱼肉颜色深一些，入口发柴、干涩。

（5）个头：挪威三文鱼体长需要达到1米以上才会出口，重量一般为6千克以上；而虹鳟的成熟个体一般在40厘米左右，重量一般在4千克左右。

实践菜例 4   扒 T 骨牛排配蘑菇少司

1. 菜肴简介

T骨牛排（T-bone Steak）一般位于牛的上腰部，是一块由脊肉、脊骨和里脊肉等构成的大块牛排。T骨牛排一般厚2厘米左右，重约300克，小点的厚1.7厘米，重200克。T骨牛排带一块呈T字形的脊椎骨，T字一竖的两侧是一大一小两扇鲜嫩的牛肉，放在盘中可以占满大半个餐盘，是"牛排控"心目中的最高境界。

2. 制作原料

主料：T骨牛排400克。

辅料：小个头的白蘑菇6个，土豆1个，迷迭香30克，红葱头1个。

调料：清黄油20毫升，白兰地酒50毫升，红葡萄酒50毫升，水瓜柳15克，淡奶油170毫升，布朗少司100毫升，黄油30克，橄榄油15毫升，现磨黑胡椒粉适量，盐适量。

3. 工艺流程

主辅料加工→调味腌制→条扒炉烧热→T骨牛排上扒炉扒出网状花纹→扒至顾客要求的成熟度→制作蘑菇少司→汁淋在T骨牛排上→装盘。

4. 制作流程

（1）在T骨牛排表面撒上盐和黑胡椒粉腌制。将T骨牛排放在烧热的扒炉上，扒出网纹状。成熟度以顾客要求为准。

（2）将白蘑菇切片；红葱头去皮洗净，切成细末，放入少司锅内，用清黄油炒香。向锅中加入蘑菇片，炒出蘑菇香味。先加入迷迭香，倒入白兰地酒点火，再加入红葡萄酒，2分钟后加入布朗少司，改用小火煮5分钟，最后加入淡奶油放盐调味，制成蘑菇少司。

（3）制作油炸薯条。

（4）摆好配菜，把蘑菇少司浇到扒好的T骨牛排上即可。

5.　重点过程图解

扒T骨牛排配蘑菇少司重点过程图解如图3-1-18～图3-1-23所示。

图3-1-18　原料展示

图3-1-19　原料初加工

图3-1-20　扒T骨牛排

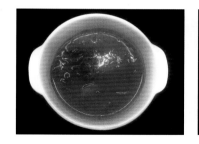
图3-1-21　制作蘑菇少司

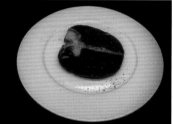
图3-1-22　T骨腌制

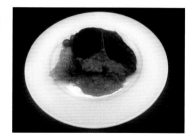
图3-1-23　成品展示

6.　操作要点

（1）扒之前一定要把条扒炉烧热，并要在炉条上刷些油，避免粘连。

（2）黑胡椒要低温炒过，以去除异味。

（3）先倒入白兰地酒煮制时点火，可以去除酒味，增香。

7.　质量标准

扒T骨牛排配蘑菇少司质量标准见表3-1-5所列。

表3-1-5　扒T骨牛排配蘑菇少司质量标准

评价要素	评价标准	配分
味道	调味准确，口味咸鲜	
质感	T骨牛排外焦里嫩，质感细滑，口感鲜美	
刀工	加工精细，成型均匀，符合西餐扒类菜肴的标准	

（续表）

评价要素	评价标准	配分
色彩	色泽鲜明，汤汁明亮，装盘搭配合理	
造型	成型美观、自然	
卫生	操作过程、菜肴装盘符合卫生标准	

 任务知识链接

美式 T 骨牛排（Porterhouse Steak）形状与 T 骨牛排相同，但较 T 骨牛排大些，一般厚 3 厘米左右，重 450 克左右。食量够大又懂牛排的美国食客喜欢在餐馆点 T 骨牛排，大块肉排中间夹着 T 字形的大骨肉质一边细嫩一边粗犷，或油腴或爽滑，两种特点在一块牛排中便能享受到。

实践菜例❺　牛柳扒红酒汁

1. 菜肴简介

牛柳也叫牛里脊、里脊，又称菲力，是指从牛的腰内侧沿耻骨前下方顺着腰椎紧贴横突切下的净肉，即牛的腰大肌。分割牛胴体时先剥去肾脂肪，再沿耻骨前下方把里脊剔出，随后由里脊头向里脊尾逐个剥离腰椎横突，便可取下完整的牛里脊。它是牛身上最嫩的肉。

2. 制作原料

主料：牛柳扒 250 克。

辅料：洋葱 150 克，法香 2 克，柠檬 1 个。

调料：白兰地酒 30 克，黑胡椒粉 20 克，干葱 30 克，布朗少司 200 毫升，番茄酱 100 克，红葡萄酒 50 毫升，大蒜 2 瓣，清黄油 100 克，色拉油 30 毫升，鸡粉 2 克，盐和胡椒粉适量。

3. 工艺流程

主辅料加工→调味腌制→条扒炉烧热→牛柳扒上扒炉扒出网状花纹→扒至顾客要求的成熟度→制作红葡萄酒少司→制作配菜→牛柳、配菜装盘淋汁。

4. 制作流程

（1）将柠檬榨汁；干葱和大蒜切末。

（2）把牛柳加工成扒状，厚 1.5 厘米，用锤子双面锤打至松软，撒上盐、黑胡椒粉、胡椒粉调制基本味之后，挤上少许的柠檬汁，抹上色拉油腌制 15 分钟。

（3）条扒炉加热后刷油，将牛柳放在扒炉上，扒出网纹状。成熟度以顾客要求为准。

（4）用清黄油把干葱末、蒜末炒香，烹入白兰地酒后点火，先加入红葡萄酒，再加入布朗少司，煮沸，加入盐、胡椒粉调味即成红葡萄酒沙司。

（5）盘内摆上配菜，放上牛柳，浇上红葡萄酒少司。

5. 重点过程图解

牛柳扒红酒汁重点过程图解如图 3-1-24～图 3-1-29 所示。

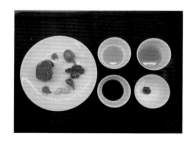

图 3-1-24　原料展示

图 3-1-25　蔬菜初加工

图 3-1-26　牛肉初加工

图 3-1-27　制作红葡萄酒少司

图 3-1-28　扒牛柳

图 3-1-29　成品展示

6. 操作要点

（1）扒之前一定要把条扒炉烧热，并在炉条上刷些油，避免粘连。

（2）腌制牛柳时加入少量柠檬汁可起到增香、保色的作用。

（3）在倒入白兰地酒煮制时点火，可以去除酒味，增香。

7. 质量标准

牛柳扒红酒汁质量标准见表 3-1-6 所列。

表 3-1-6　牛柳扒质量标准

评价要素	评价标准	配分
味道	调味准确，口味咸鲜	
质感	牛柳外焦里嫩，质感细滑，口感鲜美	
刀工	加工精细，成型均匀，符合西餐扒类菜肴的标准	
色彩	色泽鲜明，汤汁明亮，装盘搭配合理	
造型	成型美观、自然	
卫生	操作过程、菜肴装盘符合卫生标准	

任务知识链接

铁扒是西餐中一种比较独特的烹饪方式，那它是怎么出现的呢？17世纪，加勒比海和南美洲的阿拉瓦克部落使用篝火烤制食物，他们把这种烹饪方式叫作"Barbacoa"，翻译成中文是"柴火烧肉""木炭烧烤"。后来欧洲人学会了这种烹饪方式并加入各种不同气味的木头给肉增加风味，这就是铁扒的雏形。

1952年，一名叫斯蒂芬·乔治的人发明了第一个圆形铁扒炉，这种铁扒炉可以使原料受热更加均匀并能保留木头的风味，火焰不会直接接触食物，让食物变黑。如今现代化的铁扒设备都是基于这种铁扒炉制造的。1960年，出现了煤气铁扒炉，操作更加简单且实用，也使铁扒这一烹调方式越来越受欢迎。

随着科技的发展，铁扒技术日渐成熟。铁扒已不再局限于传统形式和设备，我们既可以在家用一个铁扒锅完成，又可以使用最新式的超高温铁扒炉完成。

任务二　烤

☆ 了解烤的概念、技法特点、操作关键及分类。

☆ 掌握实践菜例的制作工艺，能自主完成实践菜例的制作。

☆ 掌握不同大小、特质的原料适用的温度范围。

▶ **相关知识**

烤（Roast）是将经过初步加工成型、调味腌制入味的原料放入烤炉中，加热至上色，并达到要求火候的烹调方法。

烤的传热介质是空气，传热形式是对流。烤具有以下特点。

（1）利用烤烹调成熟的原料可以是体积相对较大的畜肉类或者整只的禽类、鱼类等，也可以是不同形态的小型原料。

（2）在烤制时，根据原料的特点，选择火候和烤制时间。容易成熟、质地细嫩、体积较小的原料一般使用较高的温度，时间比较短；而不容易成熟、质地比较粗老、体积较大的原料一般使用较低的温度，时间比较长。

（3）为了保持原料风味，通常采取"先高温定型，后低温成熟"的烤制方法。

实践菜例❶　尼斯式烤酿蔬菜

1. 菜肴简介

尼斯式烤酿蔬菜是一道传统的法式菜肴，通常将西葫芦、青（或红）椒、番茄去掉内瓤，用肉类做馅料填充，撒上芝士后入烤炉烤制成熟。

2. 制作原料

主料：牛绞肉 200 克，水果番茄 50 克，青椒 1 个，红椒 1 个。

辅料：洋葱末 50 克，蘑菇 50 克，西葫芦 50 克，老姜末 3 克，大蒜末 3 克，香葱末 3 克，面包糠 25 克，鸡蛋 50 克，马苏里拉芝士 50 克，鲜罗勒 2 克，法香 3 克，玉米粒 15 克。

调料：橄榄油 30 毫升，色拉油 50 毫升。

3. 工艺流程

主辅料加工→蔬菜掏空→制作馅料→蔬菜酿入馅料后盖上芝士→入焗炉焗熟→制作香料少司→淋香料少司，装饰玉米粒。

4. 制作流程

（1）把各种蔬菜清洗干净，掏空内瓤备用；把取出的各种蔬菜的内瓤和剩余的蔬菜切碎备用；鸡蛋炒熟备用；锅内放入色拉油把牛绞肉炒干、炒香后盛出备用。

（2）炒锅内首先放入色拉油炒香老姜末、大蒜末，然后放入洋葱末炒香，加入各式蔬菜末、炒好的牛绞肉、鸡蛋、鲜罗勒、一半的马苏里拉芝士、面包糠等，最后放入香葱末，调味即可。

（3）烤盘内放入锡纸，随后放上各种掏空的蔬菜，里面酿上炒好的牛肉蔬菜馅，上面撒上剩余的马苏里拉芝士，入烤炉烤至颜色金黄即可取出装盘。

（4）搅碎机内放入橄榄油、法香、鲜罗勒叶制作成香料少司。

（5）头盘内放上各式烤好的蔬菜，淋上香料少司，装饰玉米粒即可。

5. 重点过程图解

尼斯式烤酿蔬菜重点过程图解如图 3-2-1～图 3-2-6 所示。

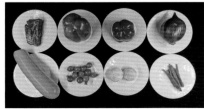 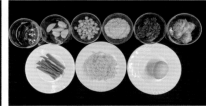 

图 3-2-1　原料展示（a）　　　图 3-2-2　原料展示（b）　　　图 3-2-3　制作馅料

 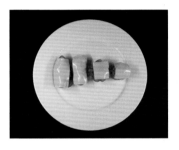 

图 3-2-4　放上芝士　　　图 3-2-5　烤制　　　图 3-2-6　成品

6. 操作要点

（1）注意控制烤炉的温度。

（2）重点把握蔬菜的成熟度。

微课 尼斯式烤酿蔬菜

7. 质量标准

尼斯式烤酿蔬菜质量标准见表3-2-1所列。

表3-2-1 尼斯式烤酿蔬菜质量标准

评价要素	评价标准	配分
味道	调味准确，口味咸鲜	
质感	外观焦黄，质感细滑，口感鲜美	
刀工	加工精细，成型均匀	
色彩	色泽鲜明，汤汁明亮，装盘搭配合理	
造型	成型美观、自然	
卫生	操作过程、菜肴装盘符合卫生标准	

实践菜例 ❷ 烤土豆配酸奶油和香葱

1. 菜肴简介

烤土豆就是用烤箱或者火把土豆烤熟，操作简单，香软可口。烤土豆配酸奶油和香葱是升级版烤土豆，将土豆裹上锡纸，烤熟后用刀在土豆划上十字花，将土豆切开，配上酸奶油、烟熏培根碎、香葱末，成为一道高档的美食。

2. 制作原料

主料：土豆500克。

辅料：酸奶油100毫升，香葱末5克，塔巴斯科辣椒籽2克，烟熏培根碎100克。

调料：黄油20克，盐和胡椒粉适量。

3. 工艺流程

土豆清洗加工→用锡纸包裹→炉温升至200℃→放入土豆烤到柔软→用刀在中心划个切口挤开→撒上辅料即可。

4. 制作流程

（1）将土豆清洗干净。

（2）用锡纸包住土豆，放入烤箱。

（3）土豆在200℃的炉温下烘烤，直到柔软。

（4）用刀在土豆中心划个切口，将土豆切开。

（5）将酸奶油、塔巴斯科辣椒籽、烟熏培根碎和香葱末放在上面。

5. 重点过程图解

烤土豆配酸奶油和香葱重点过程图解如图 3-2-7～图 3-2-9 所示。

图 3-2-7　主辅料展示　　　　图 3-2-8　烤制土豆　　　　图 3-2-9　成品

6. 操作要点

（1）注意控制烤炉的温度。

（2）重点把握土豆烘烤的时间。

7. 质量标准

烤土豆配酸奶油和香葱质量标准见表 3-2-2 所列。

表 3-2-2　烤土豆配酸奶油和香葱质量标准

评价要素	评价标准	配分
味道	调味准确，口味微酸香甜	
质感	外观焦黄，质感细滑，口感鲜美	
刀工	成型均匀	
色彩	色泽鲜明，装盘搭配合理	
造型	成型美观、自然	
卫生	操作过程、菜肴装盘符合卫生标准	

实践菜例❸　俄式烤鱼

1. 菜肴简介

严寒的气候和丰富的物产对俄罗斯菜的形成产生了重大影响。俄罗斯菜并非起源于宫廷，而是起源于并不富裕、需要供养许多人的普通大家庭中。俄罗斯的河流湖泊盛产鱼类（鲈鱼、石斑鱼、梭子鱼、梅花鲈、鲟鱼），因此鱼在俄式菜肴中占有举足轻重的地位。俄式烤鱼是一道传统的俄罗斯名菜，是将煮过的鱼配上白汁少司、土豆泥、土豆片烤制而成的，既美观又美味。

2. 制作原料

主料：石斑鱼或鲈鱼 1 条，三文鱼 100 克。

辅料：牛奶 80 毫升，洋葱末 50 克，土豆 2 个，培根 50 克，青豆 50 克，马苏里拉芝士 50 克，切达芝士 25 克，鸡蛋 1 个，樱桃番茄 5 个，鲜罗勒叶 2 片，大蒜 2 粒。

调料：香叶 1 片，豆蔻粉 1 克，黄油 50 克，面粉 120 克，盐和胡椒粉适量。

3. 工艺流程

主辅料加工→煮制石斑鱼或鲈鱼、三文鱼→制作白汁少司并加入芝士→白汁少司加上配料和煮好的鱼→制作土豆泥抹在鱼肉表面→鱼肉上放土豆片→刷蛋液入烤炉烤制上色→点缀樱桃番茄、加香料装盘即可。

4. 制作流程

（1）将石斑鱼（或鲈鱼）支除鳞、内脏、骨头，切成条状；三文鱼切成条状。

（2）将土豆去皮削成直径 2 厘米左右的圆柱体，切薄片后备用；剩余的土豆制作成土豆泥备用。

（3）锅内放入牛奶、洋葱末、香叶、盐、胡椒粉煮制石斑鱼条、三文鱼条，煮好后过滤备用。

（4）用黄油炒面粉并加入煮鱼的牛奶水，制成白汁少司，趁热拌入切达芝士、马苏里拉芝士，搅动至融化，调味备用。

（5）烤盘内抹蒜，放入煮好的鱼肉、培根、煮熟的青豆，淋入拌有芝士的白汁少司，拌匀。

（6）土豆泥调味后加入豆蔻粉，抹在鱼肉表面，上面放上薄土豆片，刷蛋液入烤炉烤制上色即可。

（7）出炉后，装饰法香、樱桃番茄、鲜罗勒叶即可。

5. 重点过程图解

俄式烤鱼重点过程图解如图 3-2-10～图 3-2-15 所示。

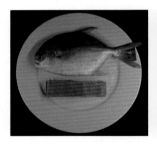

图 3-2-10 主料展示

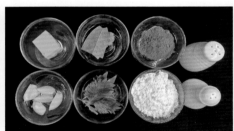

图 3-2-11 辅料展示（a）

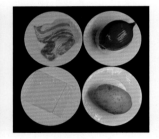

图 3-2-12 辅料展示（b）

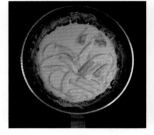

图 3-2-13 煮制鱼肉

图 3-2-14 制作白汁少司

图 3-2-15 成品展示

6．操作要点

（1）注意控制烤炉的温度。

（2）重点把握鱼肉的成熟度。

7．质量标准

俄式烤鱼质量标准见表3－2－3所列。

表3－2－3　俄式烤鱼质量标准

评价要素	评价标准	配分
味道	调味准确，口味咸鲜	
质感	外观焦黄，质感细滑，口感鲜美	
刀工	加工精细，成型均匀	
色彩	色泽鲜明，装盘搭配合理	
造型	成型美观、自然	
卫生	操作过程、菜肴装盘符合卫生标准	

实践菜例 ❹ 威灵顿牛柳

1．菜肴简介

威灵顿牛柳是英国的著名菜肴，俗称"酥皮焗牛排"。它的做法是：将上好的菲力牛排大火煎制上色，先包上一层拌有鹅肝酱的蘑菇泥，再包上一层火腿，用酥皮包裹后刷匀蛋黄液，入烤箱焗熟。

2．制作原料

主料：牛柳300克。

辅料：西式火腿20克，鸡蛋60克，蘑菇30克，牛肝菌10克，黑菌丝10克，清酥皮200克，西班牙少司150毫升，黄油50克，马德拉葡萄酒50毫升，洋葱100克，鹅肝酱80克，迷迭香2克，百里香1克，时鲜蔬菜适量。

调料：黑胡椒碎1克，芥末酱5克，干红葡萄酒50毫升，盐、胡椒粉适量

3．工艺流程

主辅料洗净加工→腌制的牛柳表面煎制上色→牛柳表面均匀铺上鹅肝酱等辅料→将牛柳用酥皮包裹紧实并装饰→入烤箱烤至金黄色→制作马德拉少司→烤好的牛柳切片装盘，配时鲜蔬菜和马德拉少司。

4．制作流程

（1）将洋葱切碎；鸡蛋调散拌匀；蘑菇和牛肝菌切片，用黄油30克炒香，加入盐和胡椒

粉调味备用。

（2）把牛柳去筋修整成型，加入洋葱碎、迷迭香、百里香、黑胡椒碎、干红葡萄酒、盐、芥末酱抹匀，腌制24小时，用棉线捆绑好备用。

（3）去除牛柳表面的腌制料，放入热油中将牛柳表面煎制上色。放凉后去除棉线，把鹅肝酱、西式火腿、黑菌丝和炒香的蘑菇等均匀铺在牛柳上。

（4）将清酥皮压成5毫米厚的面皮，将牛柳包裹紧实，涂抹上蛋液，顶部用小酥皮条装饰。

（5）将牛柳卷送入200℃的烤炉烤20分钟，至酥皮金黄、酥脆时取出，保温15分钟备用。

（6）将少司锅置于中火上，加入黄油烧热，放入腌制料炒香，加入干红葡萄酒煮干，加入西班牙少司煮稠，过滤后加入马德拉葡萄酒调味，加入黄油20克搅化成马德拉少司，倒入少司汁盅。

（7）将烤好的牛柳切片装盘，配时鲜蔬菜和马德拉少司，上菜即成。

5. 重点过程图解

威灵顿牛柳重点过程图解如图3-2-16～图3-2-21所示。

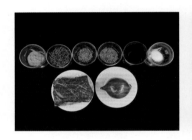 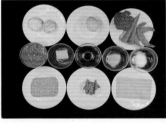 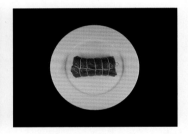

图3-2-16　原料展示（a）　　图3-2-17　原料展示（b）　　图3-2-18　牛柳加工

图3-2-19　包裹牛柳　　　　图3-2-20　烤制　　　　　　图3-2-21　成品

6. 操作要点

（1）牛柳腌制时间要长，便于充分入味。

（2）牛肉要选用牛身体上最嫩的部位，几乎不含肥肉，肉质细嫩。

（3）注意牛柳捆绑方法，煎好后要去掉棉线

7. 质量标准

威灵顿牛柳质量标准见表3-2-4所列。

表3-2-4　威灵顿牛柳质量标准

评价要素	评价标准	配分
味道	调味准确，口味咸鲜	
质感	外观焦黄，质感细滑，口感鲜美	
刀工	加工精细，成型均匀	
色彩	色泽鲜明，装盘搭配合理	
造型	成型美观、自然	
卫生	操作过程、菜肴装盘符合卫生标准	

实践菜例 ❺　香橙烤鸭

1. 菜肴简介

法国人对用鸭子做菜情有独钟。香橙烤鸭就是一道传统的法国菜肴，香甜浓郁的橙子味诱人食欲，入口后橙子的香甜味、鸭肉的香味融合饱满，肉质鲜嫩多汁，咀嚼过程中风味层次感强，回味无穷。

2. 制作原料

主料：光鸭1只。

辅料：橙子10个，柠檬1个。

调料：白葡萄酒300毫升，橙味酒50毫升，细砂糖180克，红酒醋100毫升，玉米淀粉50克，盐20克，白胡椒粉5克。

3. 工艺流程

主辅料洗净加工→腌制光鸭→入烤箱烤制→制作烩鸭橙汁→烤好的鸭切大块→橙汁淋鸭块上，用橙肉、橙皮丝、柠檬皮丝装盘。

4. 制作流程

（1）在光鸭的表面和腔内均匀抹上盐和白胡椒粉，取4个橙子切成大块填入鸭腔中。

（2）将鸭子放入温度为220℃的烤箱中烤制半小时左右，烤制过程中要不断将烤盘中的原汁淋在鸭身上，烤好的鸭子保温备用。

（3）取4个橙子和柠檬榨汁备用。

（4）在少司锅内放入细砂糖和少量的水，用文火熬制成浅褐色，先倒入红酒醋和榨好的果汁煮1分钟，再把烤制鸭子时流出的汁控到锅内烧开，撇去表面的浮油，加入白葡萄酒，煮至水分挥发一半。把玉米淀粉和橙味酒调匀，倒入烧开的汁里，煮至收出浓稠的少司为止。

（5）将烤好的鸭子斩成块。将其余的橙子去皮、切块，放在鸭块周围，将橙子皮切成细丝放入热少司中，浇在鸭块上面。

5. 重点过程图解

香橙烤鸭重点过程图解如图3-2-22～图3-2-27所示。

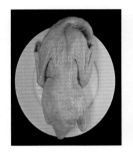

图 3 - 2 - 22　主料展示

图 3 - 2 - 23　辅调料展示

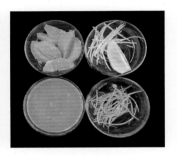

图 3 - 2 - 24　初加工

图 3 - 2 - 25　烤制鸭子

图 3 - 2 - 26　制作橙汁

图 3 - 2 - 27　成品

6. 操作要点

（1）烤制时如果鸭子表面颜色已达到要求，则可将烤箱温度调低些。

（2）制作少司时火力不要太大，以免把糖煮煳，使少司产生苦味。

微课　香橙烤鸭

7. 质量标准

香橙烤鸭质量标准见表 3 - 2 - 5 所列。

表 3 - 2 - 5　香橙烤鸭质量标准

评价要素	评价标准	配分
味道	调味准确，口味酸甜，咸鲜	
质感	外观焦黄，质感细滑，口感鲜美	
刀工	加工精细，成型均匀	
色彩	色泽鲜明，装盘搭配合理	
造型	成型美观、自然	
卫生	操作过程、菜肴装盘符合卫生标准	

　任务知识链接

　　香橙烤鸭是一道非常古老的菜肴，最早可以追溯到 1800 年，当时人们为了掩盖鸭肉的腥臊味，使用一种苦橙与鸭子一同烤制。后来，这道菜肴被厨师改良，厨师使用甜酸味更重的橙汁少司搭配烤制的鸭子。通过这一改良，这道菜肴在全世界备受欢迎。烤鸭的呈现形式开始变得精致，从最初的整鸭变成了鸭块，如鸭胸、鸭腿等。

实践菜例❻ 雪草烤羊鞍

1. 菜肴简介

羊鞍又称羊上腰，因为羊鞍的形状和马鞍子相似，所以又称羊马鞍，此部位无肋骨，肉质鲜嫩，用途广泛，可加工成多种羊排肉。羊鞍搭配香草可以有效去除羊肉的膻味，再配上芥末酱、面包糠烤制，是一道风味十足的美味。

2. 制作原料

主料：法式小羊鞍1份（230克/2支/份）。

辅料：法香100克，面包糠150克，大蒜10克，黄油100克，迷迭香碎50克，黑胡椒1克，百里香碎50克，芥末酱40克，胡萝卜80克，洋葱120克，西芹60克。

调料：干红葡萄酒100毫升，西班牙少司200毫升，橄榄油30毫升，盐和胡椒粉适量。

3. 工艺流程

主辅料洗净加工→制作香草黄油→羊鞍撒香料、调料入烤箱烤至五成熟→刷芥末酱，贴满香草脆壳继续烤制→制作烤羊鞍汁→切好羊排，装盘淋汁。

4. 制作流程

（1）将法式小羊鞍剔筋、修整成型。将法香切碎；面包糠过筛；大蒜切碎；胡萝卜、洋葱和西芹切成丁。

（2）向锅中加入黄油化软，加入法香碎、大蒜碎和面包糠拌匀，加入盐和胡椒粉调味，拌匀成香草脆壳备用。

（3）将法式小羊鞍刷上橄榄油，撒上百里香碎和迷迭香碎，加盐和胡椒粉调味，放入烤盘内，旁边配胡萝卜丁、洋葱丁、西芹丁，送入200℃的烤炉内先烤15分钟，再降低炉温至160℃烤至五成熟。

（4）取出法式小羊鞍，先在其表面刷匀芥末酱，贴满香草脆壳，再送入烤炉烤至香草黄油呈浅褐色时取出，保温备用。

（5）将烤盘放在燃气灶上加热，将烤肉上的胡萝卜丁、洋葱丁、西芹丁炒香呈棕褐色，加入干红葡萄酒煮至酒汁将干时，倒入西班牙少司煮沸，转为小火煮稠，调味成少司，保温备用。

（6）将法式小羊鞍切成带骨羊排，一份两片，装盘淋汁成菜。

5. 重点过程图解

雪草烤羊鞍重点过程图解如图3-2-28～图3-2-33所示。

 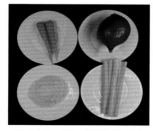 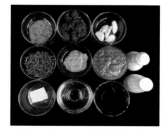

图3-2-28 主料展示　　图3-2-29 调辅料（a）　　图3-2-30 调辅料（b）

 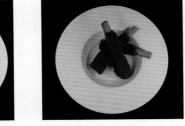 

图 3 - 2 - 31　蔬菜初加工　　图 3 - 2 - 32　刷酱贴香草脆壳　　图 3 - 2 - 33　成品

6. 操作要点

（1）先用高温速烤，避免肉汁外溢，定型后再降温烤制。

（2）在制作香草脆壳时，注意掌握香草和面包糠的比例，避免烤制的羊排无法粘连香草和面包糠。

（3）羊排腌制后也可以用平底锅煎至上色代替高温烤制，之后再粘上香草脆壳烤制想要的成熟度。

微课　雪草烤羊鞍

7. 质量标准

雪草烤羊鞍质量标准如表 3 - 2 - 6 所列。

表 3 - 2 - 6　雪草烤羊鞍质量标准

评价要素	评价标准	配分
味道	调味准确，口味咸鲜	
质感	外观焦黄，质感软滑，口感鲜美	
刀工	加工精细，成型均匀	
色彩	色泽鲜明，装盘搭配合理	
造型	成型美观、自然	
卫生	操作过程、菜肴装盘符合卫生标准	

实践菜例 ❼ 德式烤咸猪肘

1. 菜肴简介

德国菜向来以奔放豪爽闻名于世，与精致细腻的法国菜、热情随和的意大利菜及质朴简单的北欧菜相比，德国菜更像是欧洲的东北菜。由于德国人偏好猪肉，大部分德国名菜是猪肉制成的，而其中最让人欲罢不能的就是这道超级硬菜——德国咸猪肘。

2. 制作原料

主料：咸猪肘 1 个。

辅料：酸椰菜丝 250 克，培根 50 克，杜松子 15 粒。

调料：丁香 1 粒，香叶 6 片，白葡萄酒 100 毫升，白胡椒粒 3 粒。

3. 工艺流程

咸猪肘加水和香料煮制→入烤箱烤至表面呈金黄色→加酸椰菜丝、白葡萄酒等继续煮制→将酸椰丝垫在盘子的底部，上面放猪肘。

4. 制作流程

（1）把咸猪肘、水、杜松子（10 粒）、丁香、香叶（4 片）、白胡椒粒一起煮，大火煮开后改小火煮 1.5 小时左右。

（2）将咸猪肘取出，放入烤箱中，先在 150℃ 的温度下烤 1 小时左右，将脂肪烤化，再将温度调至 220℃ 烤至表皮呈金黄色、皮质发脆为止。

（3）将培根切丝，炒香后加入酸椰菜丝、杜松子（5 粒）、香叶（2 片）、白葡萄酒和少量的煮咸猪肘汤，煮 10 分钟。

（4）出品时，把酸椰菜丝垫在盘子的底部，把烤好的咸猪肘放在上面。

5. 重点过程图解

德式烤咸猪肘重点过程图解如图 3-2-34～图 3-2-39 所示。

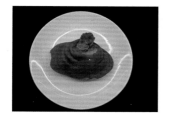
图 3-2-34　主料展示

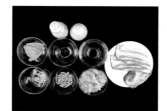
图 3-2-35　调辅料展示

图 3-2-36　猪肘煮制

图 3-2-37　配料炒制

图 3-2-38　烤制

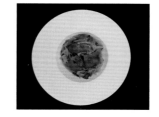
图 3-2-39　成品

6. 操作要点

（1）煮制时水要没过咸猪肘。

（2）在制作过程中，水分如果有所蒸发，则要适当补充。

7. 质量标准

德式烤咸猪肘质量标准见表 3-2-7 所列。

表 3-2-7　德式烤咸猪肘质量标准

评价要素	评价标准	配分
味道	调味准确，口味咸酸	
质感	外观焦黄，质感软滑，口感鲜美	
刀工	成型均匀	
色彩	色泽鲜明，装盘搭配合理	
造型	成型美观、自然	
卫生	操作过程、菜肴装盘符合卫生标准	

实践菜例❽ 法式腌烤春鸡

1. 菜肴简介

法式腌烤春鸡是一道以春鸡（童子鸡）、洋葱、胡萝卜为主要原料制作而成的菜肴。

2. 制作原料

主料：春鸡1200克。

辅料：薯角240克，什锦生菜80克，香叶2片，百里香2克，鼠尾草1克，柠檬片4片，大蒜20克，迷迭香2克。

调料：红葡萄酒100毫升，橄榄油30毫升，黑胡椒碎5克，辣椒粉8克，番茄酱适量，高汤、盐和胡椒粉适量。

3. 工艺流程

春鸡调味、腌制→加入炒杂菜，配上薯角入烤箱烤至呈金黄色→制作红酒汁→装盘堆放薯角和什锦生菜，淋红酒汁即成。

4. 制作流程

（1）将柠檬切成片，一半切片备用。春鸡撒上盐和胡椒粉，挤上半个柠檬的柠檬汁，抹匀，加入橄榄油、香叶、百里香、鼠尾草、柠檬片、大蒜、黑胡椒碎、辣椒粉、迷迭香等腌料一起放入盆中混合后抹匀，盖上保鲜膜，放入冰箱内腌制4小时以上。

（2）将洋葱和胡萝卜切小块，大蒜剥好。先向锅中加入一些橄榄油，炒香大蒜，再加入洋葱块和胡萝卜块，翻炒一下闻到香味后放入烤盘中。

（3）将鸡的脊背朝下，腹部向上，放入烤盘，配上薯角一同入烤箱中烤制30分钟。

（4）取出春鸡和薯角，将烤盘中余下的杂菜汁液，加上少量的番茄酱、高汤、红葡萄酒制成红酒汁。

（5）装盘。取热的菜盘，先堆放薯角和什锦生菜，再放入春鸡，淋红酒汁即可。

5. 重点过程图解

法式腌烤春鸡重点过程图解如图3-2-40～图3-2-45所示。

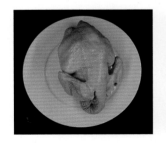

图3-2-40 主料　　　　　图3-2-41 辅料　　　　　图3-2-42 调料

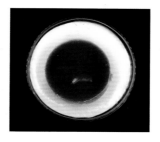

图 3 - 2 - 43　烤制　　　　　图 3 - 2 - 44　制作红酒汁　　　　图 3 - 2 - 45　成品

6. 操作要点

（1）烤鸡时注意烤炉温度，先低温，后高温烤至表皮呈金黄色。

（2）在制作过程中，水分如果有所蒸发，则要适当补充。

7. 质量标准

法式腌烤春鸡质量标准见表 3 - 2 - 8 所列。

表 3 - 2 - 8　法式腌烤春鸡质量标准

评价要素	评价标准	配分
味道	调味准确，口味咸鲜	
质感	外观焦黄，质感软滑，口感鲜美	
刀工	成型均匀	
色彩	色泽鲜明，装盘搭配合理	
造型	成型美观、自然	
卫生	操作过程、菜肴装盘符合卫生标准	

实践菜例 ❾　酥皮鲑鱼

1. 菜肴简介

鲑鱼又称三文鱼，是深海鱼类的一种，也是一种溯河洄游鱼类，它在淡水江河上游的溪流中产卵，然后死去，鱼卵孵化后，幼鱼在淡水中生活一到两年，然后顺流游向海洋，在那里肥育。酥皮鲑鱼是将鲑鱼片包酥皮后烤制而成的，外酥脆、里鲜嫩，是一道难得的美食。

2. 制作原料

主料：鲑鱼片 1 片（约 250 克）。

辅料：酥皮 1 片，洋葱碎 150 克，口蘑碎 100 克，鸡蛋 1 个，巴西利碎少许，小番茄 3 个，秋葵 3 个，红生菜 50 克，西生菜 50 克。

调料：白葡萄酒 150 毫升，奶油 100 毫升，橄榄油 50 毫升，盐和黑胡椒碎适量。

3. 工艺流程

鲑鱼片加工→调味腌制→煎至金黄色→制作馅料→酥皮包卷馅料、鲑鱼→摆入烤盘中烤至金黄色→装盘配白酒酱汁食用。

4. 制作流程

（1）将鲑鱼片分切成 12 厘米×2 厘米的条状，用白葡萄酒、盐、黑胡椒碎腌制 10 分钟。

（2）向锅中放入橄榄油热锅后，放入鱼条以中火煎至两面呈金黄色，取出备用。

（3）另取一锅，放入奶油热锅后，放入洋葱碎、口蘑碎以中火炒香（即为馅料），取出备用。

（4）将鸡蛋打散成蛋液后，涂刷在酥皮上面，依次放入适量馅料、鲑鱼条后包卷，并将接口处朝下放置摆入烤盘中。

（5）用刀子在酥皮表面略微刻划出菱形纹后，刷上蛋液并撒上少许的巴西利碎放入烤箱中，以 180℃ 的温度烤约 18 分钟至表皮呈金黄色。

（6）以装饰材料（小番茄、秋葵、红生菜、西生菜）装饰，并搭配白酒酱汁即成。

5. 重点过程图解

酥皮鲑鱼重点过程图解如图 3-2-46～图 3-2-51 所示。

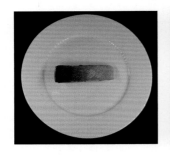
图 3-2-46　主料展示

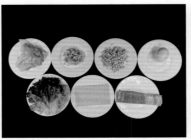
图 3-2-47　辅料展示

图 3-2-48　制作馅料

图 3-2-49　煮制奶油

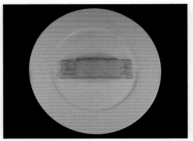
图 3-2-50　酥皮包裹

图 3-2-51　成品

6. 操作要点

（1）煎制鲑鱼的时间不宜太长，避免成品过熟。

（2）注意酥皮温度，在天热时需要放入冰箱冷藏，刻酥皮纹路时，不要切得太深。

微课　酥皮鲑鱼

7. 质量标准

酥皮鲑鱼质量标准见表 3-2-9 所列。

表 3-2-9　酥皮鲑鱼质量标准

评价要素	评价标准	配分
味道	调味准确，口味咸鲜	
质感	外酥里嫩，质感软滑，口感鲜美	
刀工	成型均匀	
色彩	色泽鲜明，装盘搭配合理	
造型	成型美观、自然	
卫生	操作过程、菜肴装盘符合卫生标准	

任务知识链接

　　在烧制肉类的时候，很容易出现肉类严重脱水、口感变柴的情况。那么如何保证烤肉的口感就成了烤制工艺的关键。除控制好温度和时间外，以下方法可以有效保持肉类的口感。

　　(1) 涂油、酿油 (Larding)：在肉类的表面或者内部酿入油脂，这些油脂能够改善肉类的风味和口感，并能保持烤肉外表湿润。

　　(2) 裹油 (Barding)：传统的裹油技术可以增加烤肉的口感和湿润度。例如，先用猪网油包裹肉类再进行烤制。

　　(3) 盐水渍 (Brining)：使用具有特殊风味的盐水可以为肉类添加风味、水分，烤制出来会变得软嫩多汁。

　　(4) 腌制 (Marinating)：最简单有效的方法，即在烤制前将肉类腌制。腌制肉类通常会使用油、香草、辛香料、酒类等，它们能使肉类变得更嫩更有风味。

　　(5) 浇肉汁 (Basting)：将酱汁涂刷或者浇在烤肉上是一种有效、简单的保湿方法。

任务三　焗

学习目标

☆ 了解焗的概念、技法特点和分类。
☆ 掌握实践菜例的制作过程及操作关键。
☆ 掌握生焗和熟焗的区别，能区别出焗与烤的不同。

▶ **相关知识**

　　焗 (Baking) 又被称为"明火烤"，是将加工成熟的原料浇上浓少司，用明火炉烤制成熟上色的烹调方法。

　　焗的传热介质是空气，传热形式是热辐射。焗制菜肴大多具有气味芳香、口味浓郁的特点。焗一般分为以下两种类型。

（1）生焗：将成型的原料直接放入焗炉中烹调成菜的方法。生焗的原料一般形状薄、小，容易成熟。

（2）熟焗：将成型的原料先加热成熟，再放入焗炉中烹调成菜的方法。熟焗通常用于菜肴的增香和上色。

焗和烤都属于热空气传热使菜肴成熟的烹调方法，两者的区别在于：首先，使用焗法烹调时，原料只受到上方的热辐射，而没有下方的热辐射，因此也被称为"面火烤"；其次，焗的温度高、速度快，特别适合质地细嫩的鱼类、海鲜、禽类等原料，以及需要快速成熟或上色的菜肴。

实践菜例 ❶ 焗海鲜斑戟

1. 菜肴简介

斑戟是 Pancake 的粤语音译，是一种将面糊倒在烤盘或平底锅上烹饪制成的薄扁状饼，又称薄煎饼、热香饼。美式斑戟有（不含酸酵粉的）白面粉、鸡蛋和牛奶 3 种主要成分；英式斑戟与法国点心可丽饼相像。本道菜肴以斑戟包裹白汁海鲜，别具风味。

2. 制作原料

主料：鲜贝 100 克，虾肉 100 克，三文鱼 80 克。

辅料：蘑菇 30 克，洋葱 30 克，马苏里拉芝士 50 克，帕尔玛芝士粉 10 克，法香 10 克，樱桃番茄 30 克，面粉 250 克，鸡蛋 100 克，白汁 100 毫升，牛奶 150 毫升。

调料：黄油 50 克，白葡萄酒 10 毫升，盐和胡椒粉适量。

3. 工艺流程

制作斑戟皮→各式海鲜清洗加工→配菜切丁→制作馅料→斑戟皮包卷馅料→斑戟卷放芝士烤制上色→装盘配法香、樱桃番茄。

4. 制作流程

（1）向不锈钢盆内放入面粉、鸡蛋、盐、胡椒粉适量，用蛋抽抽打成糊状，慢慢加入牛奶和少许融化的黄油，调制成斑戟糊。

（2）向煎锅内放入少许黄油，放入斑戟糊制作成薄面皮，即斑戟皮。

（3）将各式海鲜初加工干净后切丁备用；洋葱、蘑菇切丁备用。

（4）先向炒锅内放入黄油炒香洋葱丁、蘑菇丁，再放入海鲜丁炒香，加入白葡萄酒增香，最后加入白汁，放入盐、胡椒粉调味。

（5）用斑戟皮包裹适量炒好的海鲜。

（6）在沙拉盘上放两个斑戟卷，淋上剩下的白汁，放马苏里拉芝士、帕尔玛芝士粉入焗炉把芝士烤香烤上色，装饰法香、樱桃番茄后，放置在大盘上即可出菜。

5. 重点过程图解

焗海鲜斑戟重点过程图解如图 3-3-1～图 3-3-6 所示。

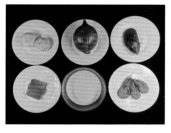
图3-3-1 主要原料

图3-3-2 辅料

图3-3-3 调料

图3-3-4 原料初加工

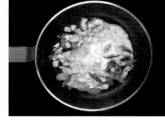
图3-3-5 制作馅料

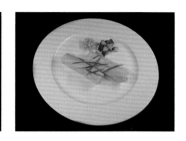
图3-3-6 成品

6. 操作要点

（1）在制作斑戟面糊时，要用力将其打上劲，这样斑戟皮才有弹性。

（2）炒海鲜炒至九成熟即可，最后用烤炉焗至海鲜刚好成熟。

7. 质量标准

焗海鲜斑戟质量标准见表3-3-1所列。

表3-3-1 焗海鲜斑戟质量标准

评价要素	评价标准	配分
味道	调味准确，口味咸鲜	
质感	外表金黄，质感软滑，口感鲜美	
刀工	成型均匀	
色彩	色泽鲜明，装盘搭配合理	
造型	成型美观、自然	
卫生	操作过程、菜肴装盘符合卫生标准	

实践菜例 ❷ 法式焗蜗牛

1. 菜肴简介

家喻户晓的法式焗蜗牛是法式大餐的开胃菜和国宴名菜，也是世界级名菜，它和鹅肝酱、松露并列为法国的三大国宝级菜式。法国人将食用蜗牛视为时尚与身份的象征，在重大的节日里，法式焗蜗牛是备受推崇的大餐。

2. 制作原料

主料：罐头蜗牛肉100克。

辅料：洋葱 25 克，西芹 25 克，大蒜碎 50 克，鸡蛋黄 30 克，西班牙红椒粉 2 克，银鱼柳 10 克，干白葡萄酒 30 毫升，土豆 500 克。

调料：香叶 2 克，罗勒 2 克，迷迭香 1 克，百里香 1 克，白兰地酒 50 克，黄油 100 克，法香 5 克，黑胡椒 1 克，盐、胡椒粉适量。

3. 工艺流程

清理蜗牛肉→加香料炒香→制作香草黄油→制作土豆泥→先土豆泥铺底放蜗牛肉，再用香草黄油封住→入焗炉烤→取出蜗牛碟，淋上白兰地酒，点燃装盘成菜。

4. 制作流程

（1）取出罐头蜗牛肉，清洗沙肠。首先向炒锅内放入少许黄油，炒香大蒜碎，然后加入切碎的洋葱、西芹、香叶、罗勒、迷迭香、少许百里香和蜗牛肉炒香，加入一半白兰地酒使之燃烧，加入适量盐、胡椒粉调味。

（2）向搅拌器里放入剩下的黄油，搅拌到发白、发泡，加入剩下的洋葱、西芹、香叶、罗勒、迷迭香、百里香和鸡蛋黄、西班牙红椒粉、银鱼柳、法香碎、黑胡椒、干白葡萄酒搅匀后冷冻备用。

（3）将土豆煮熟后制作成公爵夫人土豆泥，铺在沙拉盘上备用。取出冷冻后的香草黄油，在蜗牛壳内先塞入少许香草黄油，再塞入蜗牛肉一个，并塞入香草黄油封住，放置在蜗牛碟的 6 个凹洞上，放入焗炉中把香草黄油融化。

微课 公爵夫人土豆泥

（4）取出蜗牛碟，放置在火上，淋上白兰地酒，燃烧增香，即可装在沙拉盘中成菜。

5. 重点过程图解

法式焗蜗牛重点过程图解如图 3-3-7～图 3-3-12 所示。

图 3-3-7 主料展示

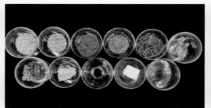

图 3-3-8 调辅料展示

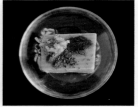

图 3-3-9 制作香草黄油

图 3-3-10 打至乳白色

图 3-3-11 炒制蜗牛

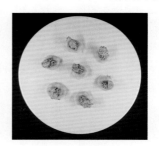

图 3-3-12 成品展示

6. 操作要点

（1）注意控制焗炉的温度，根据菜肴的变化及时调整。

（2）重点控制焗制的时间。

7. 质量标准

法式焗蜗牛质量标准见表3-3-2所列。

表3-3-2 法式焗蜗牛质量标准

评价要素	评价标准	配分
味道	调味准确，口味咸鲜	
质感	外表金黄，质感软滑，口感鲜美	
刀工	成型均匀	
色彩	色泽鲜明，装盘搭配合理	
造型	成型美观、自然	
卫生	操作过程、菜肴装盘符合卫生标准	

实践菜例 ❸ 千层面

1. 菜肴简介

千层面是一种面饼，口味咸鲜、微甜，面饼层层叠加，中间填充番茄酱、牛肉酱、白汁、芝士、牛奶、淡奶油、面粉等食材制成的馅料，烤制而成。

2. 制作原料

主料：千层面皮5片，肉酱200克。

辅料：鲜奶油150克，瑞可塔芝士（Rlcottacheese）100克，牛肉末200克，蛋黄2个，番茄2个，芝士粉100克。

调料：橄榄油5克，巴西利碎10克，盐5克，胡椒粉3克。

3. 工艺流程

煮千层面皮至八成熟→制作奶油芝士汁→烤盘上抹一层奶油汁→制作千层面饼半成品→撒上芝士丝→入焗炉烤至色泽金黄色→取出撒上芝士粉、巴西利碎即可。

4. 制作流程

（1）取一锅开水，先放入橄榄油，再放入千层面皮以小火煮约14分钟至八成熟，取出沥干水分，备用。

（2）取一容器放入鲜奶油、盐、瑞可塔芝士、蛋黄，搅拌均匀，制成奶油芝士汁。

（3）取一烤盘，内部涂抹上一层奶油后，铺入一片千层面皮，先放入一大匙奶油芝士汁和两大匙肉酱，撒上芝士丝，再盖上一片千层面皮，直至材料用毕。

（4）撒上芝士丝，放入焗炉中以上火160℃、下火150℃烤20分钟至上色后取出，撒上芝士粉、巴西利碎即可。

5. 重点过程图解

千层面重点过程图解如图3-3-13~图3-3-18所示。

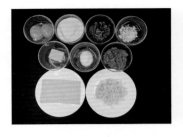
图 3 - 3 - 13　主要原料

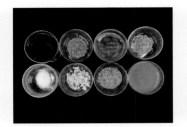
图 3 - 3 - 14　调辅料

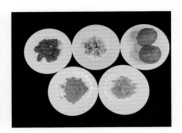
图 3 - 3 - 15　辅料加工

图 3 - 3 - 16　炒制配料

图 3 - 3 - 17　炒制肉末

图 3 - 3 - 18　成品

6. 操作要点

（1）注意控制焗炉的温度，根据菜肴的变化及时调整。

（2）重点控制焗制的时间。

7. 质量标准

千层面质量标准见表 3 - 3 - 3 所列。

表 3 - 3 - 3　千层面质量标准

评价要素	评价标准	配分
味道	调味准确，口味咸鲜	
质感	外表金黄，质感软滑，口感鲜美	
刀工	成型均匀，层次明显	
色彩	色泽鲜明，装盘搭配合理	
造型	成型美观、自然	
卫生	操作过程、菜肴装盘符合卫生标准	

实践菜例❹　西班牙海鲜饭

1. 菜肴简介

西班牙海鲜饭（Paella，音译为巴埃加）是西餐三大名菜之一，与法式焗蜗牛、意大利面齐名。西班牙海鲜饭源于西班牙鱼米之都——巴伦西亚，是以西班牙香米为主要原料的一种饭类食品。西班牙海鲜饭卖相绝佳，黄澄澄的饭粒出自名贵的香料藏红花，饭中点缀着无数虾子、螃蟹、黑蚬、蛤、牡蛎、鱿鱼……热气腾腾，令人垂涎。

2. 制作原料

主料：长香米 250 克，鸡腿 50 克，西班牙肉肠 50 克，大虾 50 克，青口 50 克，鲜鱿鱼

50克，蛤蜊50克，淡水龙虾50克。

辅料：洋葱30克，大蒜15克，番茄50克，青椒15克，红椒15克，青豆15克。

调料：橄榄油100毫升，白葡萄酒100毫升，藏红花0.1克，西班牙红椒粉0.1克，法香1克，柠檬50克，鸡清汤500毫升，盐、胡椒粉适量。

3. 工艺流程

各种海鲜清洗加工，煮青豆→炒香鸡腿、西班牙肉肠→炒大蒜、洋葱，加长香米及白葡萄酒煮→加藏红花、西班牙红椒粉调色→加鸡清汤调味后入烤炉烤至八成熟→加海鲜焗至九成熟→加番茄、青椒、红椒、青豆，焗3分钟→撒法香碎、配柠檬角即可。

4. 制作流程

（1）先初加工各种海鲜，将其清洗干净。将鸡腿斩成块；西班牙肉肠切成块；洋葱切碎；番茄、青椒、红椒切丁；法香切碎；柠檬切角；青豆煮熟备用；藏红花泡水备用。

（2）在西班牙特色双耳平底锅内放入橄榄油，炒香鸡腿块、西班牙肉肠块，盛出备用。

（3）在锅内放入大蒜、洋葱碎炒香，加入长香米炒至米粒亮油，加入白葡萄酒煮出单宁酸，加入泡制好的藏红花、西班牙红椒粉调色，加入鸡清汤、盐、胡椒粉调味后盖上锡纸，入焗炉烤至米饭八成熟。

（4）将海鲜、鸡腿块、西班牙肉肠块摆放在米饭上，加盖入焗炉焗至九成熟即可放上番茄丁、青椒丁、红椒丁、青豆，焗3分钟即可。

（5）出菜的时候撒法香碎、配柠檬角即可。

5. 重点过程图解

西班牙海鲜饭重点过程图解如图3－3－19～图3－3－24所示。

图3－3－19　原料（a）

图3－3－20　原料（b）

图3－3－21　原料（c）

图3－3－22　炒制长香米

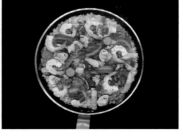

图3－3－23　放入海鲜

图3－3－24　成品

6.操作要点

（1）淡水龙虾很难熟透，烹调时可以先焯水。其他海鲜如果不是特别新鲜，则最好焯水后使用。

微课 西班牙海鲜饭

（2）藏红花价格昂贵，可以适量添加川红花或使用咖喱粉、番茄汁调色。

（3）西方人的米饭一般是九成熟的夹生米饭。

7.质量标准

西班牙海鲜饭质量标准见表3-3-4所列。

表3-3-4 西班牙海鲜饭质量标准

评价要素	评价标准	配分
味道	调味准确，口味咸鲜	
质感	质感软滑，口感鲜美	
刀工	成型均匀，大小一致	
色彩	色泽艳丽，装盘搭配合理	
造型	成型美观、自然	
卫生	操作过程、菜肴装盘符合卫生标准	

任务知识链接

西餐中的焗与烤都需要将原料放进烤箱里烹调，二者的区别有哪些？

焗的原料大多经过热处理，是熟的，而烤的原料大部分无须提前进行热处理。例如，焗土豆通常需要将土豆先烹任熟，再加上芝士放入烤箱烤制呈金黄色；而烤土豆只需要将土豆清洗干净，做必要的初加工，用锡纸包裹或直接放在烤盘上烤至成熟即可。

西餐焗与中餐焗有什么区别？

西餐焗出现在古代欧洲，如今在欧洲的一些地方人们还会使用比萨炉或者土窑等古老的工具焗制食物。但是现代厨房中人们主要通过专业的焗炉或者烤箱进行烹任。它能最大限度保持食物的营养成分，并且操作简单，用户只要掌握好温度、时间就能做出美味佳肴。

中餐焗按记载出现在7000多年前的新石器时代，那时人们已经开始使用陶罐有意识地进行焗或焖。在清代，焗已经在各个菜系中被熟练运用，如盐焗鸡。如今，中餐焗与西餐焗相比有着更详细的分类。因焗的器具不同，中餐焗可以分为锅焗、瓦罐焗等；因传热介质不同，中餐焗可以分为盐焗、原汁焗、汤焗、汽焗、水焗等；因调味不同，可以分为酒焗、蚝油焗、陈皮焗、油焗、荷叶焗、西汁焗、果汁焗、柠檬焗等。

单元四 低温煮烹调技法和特殊风味汤制作

低温煮属于低温烹饪工艺，需要在温度不超过 120℃ 的液体中长时间进行，目的是保留食材本身的汁液味道。现在低温烹饪机及真空机的出现使低温煮成为主流烹饪方式之一。

低温煮分为 3 种类型：一是将食材放入温度较低的油中烹饪（油封），之后用大火二次加工；二是将食材放入不到 100℃ 的酱汁中煮熟；三是将食材放入低于 100℃ 的水中煮熟。

任务一 低温油煮（油封）

学习目标

☆ 了解低温油煮（油封）的概念、技法特点、操作关键及分类。

☆ 掌握实践菜例的制作工艺，能自主完成实践菜例的制作。

☆ 能根据不同原料的特质使用相应的温度范围进行制作。

▶ **相关知识**

低温油煮（油封，Confit）是首先把原料初步加工成型，加调味品腌制入味，然后放入 80～120℃ 的调味香料油或者动物油脂中进行长时间烹煮的烹调方法。在中世纪的欧洲，这也是一种保存食物的方法，即通过长时间烹饪食物达到安全的温度防止腐败，并且使得食物纤维化，水分不易蒸发。现在，低温烹饪机的出现使得低温汕煮技术更加简单，低温煮封变成了一种让食物软化、保留食材本味、添加特殊风味的烹调方法。

实践菜例 ❶ 油封蔬菜

1. 菜肴简介

油封蔬菜是经典的油封菜，多用于搭配牛排一类的主菜食用，也可以单独用作开胃菜。

2. 制作原料

主料：土豆 200 克，小洋葱 100 克。

辅料：橄榄油 500 克。

调料：迷迭香20克，黑胡椒3粒，香叶1片，盐3克。

3. 工艺流程

主料初加工、腌制→油封至软→二次烹饪→装盘。

4. 制作流程

（1）将土豆去皮，削成橄榄形或者切块，放盐腌制。将小洋葱去皮备用。

（2）取一口汤锅，将土豆、小洋葱、迷迭香、大蒜、黑胡椒和香叶放入锅中，倒入橄榄油没过土豆和小洋葱。小火慢煮，直至土豆、小洋葱变软，在橄榄油中保存备用。

（3）烤箱设置温度200℃，将土豆、小洋葱烤至表面呈金黄色，根据口味加入适当的盐和胡椒粉摆盘即可。

5. 重点过程图解

油封蔬菜重点过程图解如图4-1-1～图4-1-6所示。

  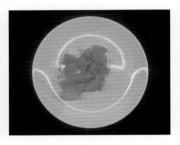

图4-1-1 原料展示　　　　图4-1-2 原料初加工　　　　图4-1-3 腌制

图4-1-4 油封　　　　图4-1-5 烤制上色　　　　图4-1-6 成品

6. 操作要点

（1）油温控制在100℃以内，不可以开大火否则会变成油炸。

（2）油封的食材需要放在油中保存，冷却后放入冰箱。

7. 质量标准

油封蔬菜质量标准见表4-1-1所列。

表4-1-1 油封蔬菜质量标准

评价要素	评价标准	配分
味道	调味准确，口味咸鲜	
质感	质感软滑，口感鲜美，土豆、小洋葱软嫩	

（续表）

评价要素	评价标准	配分
刀工	成型均匀，大小一致	
色彩	色泽艳丽，装盘搭配合理	
造型	成型美观、自然	
卫生	操作过程、菜肴装盘符合卫生标准	

实践菜例 ❷　油封鸭

1. 菜肴简介

油封鸭是法国的传统名菜，它源于法国佳斯科尼，当地人常用骡鸭的鸭腿来制作油封鸭。这道菜肴现在已经成为油封的代表之作，它可以很好地诠释油封的烹饪技巧。

2. 制作原料

主料：鸭腿 300 克。

辅料：鸭油 500 毫升。

调料：盐 100 克，大蒜 2 个，八角 1 个，芫荽籽 8 个，桂皮 1 根，百里香 10 克，迷迭香 10 克，新鲜橙皮 30 克。

3. 工艺流程

主料初加工、腌制→油封至软→二次烹饪→装盘。

4. 制作流程

（1）去除鸭腿上的多余肥肉，使用盐、大蒜、八角、芫荽籽、桂皮、百里香、迷迭香、橙皮腌制备用。

（2）将腌制好的鸭腿冲洗干净，准备一口汤锅，将鸭腿放入锅中，倒入鸭油没过鸭腿，小火 90℃慢煮 1 小时。

（3）将烤箱预热 90℃，将锅和鸭腿一同放入烤箱，烤制 4 小时至鸭腿酥烂。

（4）上菜时，将鸭腿四面煎香搭配蔬菜、薯条一同装盘即可。

5. 重点过程图解

油封鸭重点过程图解如图 4-1-7～图 4-1-12 所示。

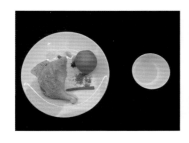

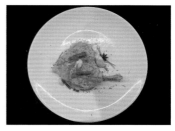

图 4-1-7　原料展示　　　图 4-1-8　主料初加工　　　图 4-1-9　腌制

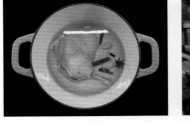
图 4-1-10　小火油封

图 4-1-11　烤制

图 4-1-12　成品

6. 操作要点

（1）油温控制在 100℃ 以内，不可以开大火否则会变成油炸。

（2）油封的食材需要放在油中保存，冷却后放入冰箱。

（3）鸭腿一定要腌够时间，使鸭腿脱水。

（4）油封之前一定要洗净腌料，避免太咸。

7. 质量标准

油封鸭质量标准见表 4-1-2 所列。

表 4-1-2　油封鸭质量标准

评价要素	评价标准	配分
味道	调味准确，口味咸鲜	
质感	质感软滑，口感鲜美，鸭腿外酥内嫩	
刀工	成型均匀，大小一致，鸭腿成型漂亮、无多余脂肪	
色彩	色泽艳丽，装盘搭配合理	
造型	成型美观、自然	
卫生	操作过程、菜肴装盘符合卫生标准	

 任务知识链接

　　油封工艺需要使用不同的油以达到增加风味的效果，而不同的油有着不同的作用和营养价值。以下是油封中经常使用到的油。

　　（1）橄榄油：风味独特、营养价值丰富，被称为"植物油中的皇后"，在地中海地区已有数千年的历史。橄榄油分为以下 5 个等级。

　　① 特级初榨橄榄油（Extra Virgin）：纯天然产品，级别最高、质量最高的橄榄油，口感醇厚，微微带有橄榄苦味，酸度不超过 1%。

　　② 优质初榨橄榄油（Fine Virgin）：橄榄味道纯正、风味独特，酸度不超过 2%。

　　③ 普通初榨橄榄油（Ordinary Virgin）：味道普通，风味中等，酸度不超过 3.3%。

　　④ 普通橄榄油（Olive Oil）：通过混合精炼橄榄油与一定比例的初榨橄榄油，调和味道与颜色，其酸度在 1.5% 以下，呈透明的淡金黄色。

⑤ 精炼橄榄杂质油（Refined Olive-Pomace Oil）：是通过溶解法从油渣中提取并经过精炼而得到的橄榄油。

（2）猪油：由猪脂肪提炼的食用油脂，热时呈金黄色，凉时为固体，是一种优质的油脂。它不但含有大量的维生素 A 和维生素 D，而且极易被人体吸收，具有补虚、润燥、解毒的作用。

（3）鸭油：由鸭脂肪提炼的食用油脂，和猪油一样，热时呈金黄色，凉时为固体。鸭油的胆固醇含量相对其他动物油脂较低，并且饱和脂肪酸、单不饱和脂肪酸、多不饱和脂肪酸的比例均衡，非常有益于人体健康。它具有提高免疫力、润肠、养阴补虚的功效。

任务二　低温水煮

学习目标

☆ 了解低温水煮的概念、技法特点、操作关键及分类。

☆ 掌握实践菜例的制作工艺，能自主完成实践菜例的制作。

☆ 能根据不同原料的特质使用相应的温度范围进行制作。

▶ **相关知识**

低温水煮是首先把原料初步加工成型，加调味品腌制入味，然后放入酱汁或者水中进行烹煮的烹调方法。在传统烹饪工艺中，厨师会将食材直接放入低于 100℃ 的水中或者酱汁中浸煮，但是这样做会使食物中的水分、营养成分大量流失，口感大打折扣。如今，烹饪技术发展日新月异，厨师运用真空机、低温烹饪机等新工具控制时间、温度、湿度等一系列参数，使低温水煮也能保留食材的营养成分和本味。

实践菜例❶　虾汤温泉蛋

1. 菜肴简介

虾汤温泉蛋是低温水煮技术的典型菜肴。最初，厨师在没有低温烹饪机的情况下利用温泉或者恒温的热水可以制作出蛋白凝固、蛋黄流动的温泉蛋。如今在新技术的支持下，这道菜肴成为了各大餐厅的经典菜肴。温泉蛋通常会搭配各类的浓汤食用，一方面可以提高整体的口感，另一方面也会增加菜肴的颜色与营养。

2. 制作原料

主料：虾仁 100 克，无菌鸡蛋 1 个，鸡胸肉 100 克。

辅料：虾基础汤 500 毫升。

调料：奶油 80 毫升，葱末 10 克，黄油 30 克，盐 3 克，白胡椒粉 2 克。

3. 工艺流程

主料洗净、初加工→无菌鸡蛋慢煮，虾基础汤浓缩，鸡胸肉水煮→虾仁放汤里煮熟，炸鸡胸肉丝→放奶油、盐、白胡椒粉调味→摆盘。

4. 制作流程

（1）将虾仁切丁；鸡胸肉去除多余油脂、筋膜；无菌鸡蛋洗净。

（2）将低温烹饪机预热 65℃，放入无菌鸡蛋煮 1 小时。将鸡胸肉煮熟撕成丝，用 150℃ 的油温油炸至酥。

（3）将虾基础汤浓缩，调味，关火后放入虾仁浸煮至断生。

（4）取一个草帽碗，将煮好的温泉蛋剥壳去除多余蛋清放入碗内，之后将虾仁、鸡胸肉丝、葱末、浓缩虾基础汤依次盛入碗内即可。

5. 重点过程图解

虾汤温泉蛋重点过程图解如图 4-2-1～图 4-2-6 所示。

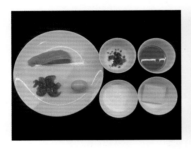
图 4-2-1　原料展示

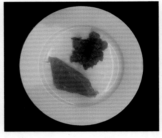
图 4-2-2　初加工

图 4-2-3　煮温泉蛋

图 4-2-4　煮制虾仁

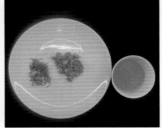
图 4-2-5　炸制鸡胸肉

图 4-2-6　成品

6. 操作要点

（1）注意控制低温慢煮的时间，以免鸡蛋煮老。

（2）注意油炸的火候，不能太高以免将鸡胸肉丝炸焦。

（3）注意煮虾仁的火候与时间，以免虾仁煮老。

7. 质量标准

虾汤温泉蛋质量标准见表 4-2-1 所列。

表 4-2-1　虾汤温泉蛋质量标准

评价要素	评价标准	配分
味道	调味准确，口味咸鲜	
质感	虾仁软嫩，鸡胸肉丝爽脆，虾汤浓郁厚重，蛋黄流动	
刀工	成型均匀，大小一致	
色彩	色泽艳丽，装盘搭配合理	
造型	成型美观、自然	
卫生	操作过程、菜肴装盘符合卫生标准	

实践菜例❷　低温煮鲑鱼

1. 菜肴简介

低温烹饪是现代烹饪技术中最实用的一种，它可以最大限度地保留食材的营养和原味，同时这种提供更加均匀受热的烹饪方式做出的菜肴具备比传统烹饪菜肴更加细腻的口感。低温煮鲑鱼是低温烹饪的典型代表菜肴。

2. 制作原料

主料：鲑鱼 150 克。

辅料：洋葱 50 克，口蘑 50 克，小番茄 50 克，秋葵 50 克。

调料：油醋汁 10 毫升，柠檬汁 10 克，白葡萄酒 80 毫升，鲜奶油 80 毫升，黄油 30 克，盐 3 克，白胡椒粉 2 克，法香碎 10 克。

3. 工艺流程

鲑鱼洗净，辅料初加工→鲑鱼腌制后封入真空袋→放入水中煮→放盐、白胡椒粉调味→放基础高汤→烹熟→起锅装盘。

4. 制作流程

（1）将洋葱去除薄膜洗净、切片；口蘑洗净后，削成蘑菇花；秋葵洗净、切片，巴西利洗净、切碎；小番茄洗净后对切，放入油醋汁拌匀。

（2）将鲑鱼用白葡萄酒、盐、白胡椒粉腌制，放入密封袋中。

（3）将腌制好的鲑鱼肉放入 55℃温水中浸半小时左右

（4）制作白葡萄酒酱汁：向锅中放入黄油并热锅后，先放入洋葱片以中火炒软，再放入白葡萄酒煮 2 分钟，加入鲜奶油继续煮 3 分钟，放入冷冻的黄油增稠，最后加入盐、白胡椒粉、柠檬汁调味后关火，过滤掉洋葱片，加入法香碎搅拌均匀。

（5）将煮好的鲑鱼用油煎香备用；利用煎鱼的油煎香秋葵片和口蘑花。

（6）将煎好的鲑鱼摆盘，搭配小番茄沙拉、秋葵片、口蘑花、法香碎即可。

5. 重点过程图解

低温煮鲑鱼重点过程图解如图4-2-7～图4-2-12所示。

图4-2-7 原料展示

图4-2-8 蔬菜初加工

图4-2-9 低温慢煮

图4-2-10 炒配菜

图4-2-11 煎鲑鱼

图4-2-12 成品

6. 操作要点

（1）注意低温慢煮的时间，根据鱼肉的大小调整时间，以免煮老。

（2）注意煎鲑鱼的火候，由于鲑鱼已经熟透，只须用大火煎制上色。

（3）注意控制制作白葡萄酒酱汁的火候，以免出现浮油或者焦底的情况。

7. 质量标准

低温煮鲑鱼质量标准见表4-2-2所列。

表4-2-2 低温煮鲑鱼质量标准

评价要素	评价标准	配分
味道	调味准确，口味咸鲜	
质感	鲑鱼外脆里嫩	
刀工	成型均匀，大小一致，鲑鱼成型漂亮、无多余脂肪	
色彩	色泽艳丽，装盘搭配合理	
造型	成型美观、自然	
卫生	操作过程、菜肴装盘符合卫生标准	

8. 知识拓展

低温煮牛柳跟红酒汁菜肴酒香浓郁，质感鲜嫩，扫码学习低温煮牛柳跟红酒汁的制作原料、制作流程和操作要点。

微课 低温煮牛柳跟红酒汁

任务知识链接

　　西餐低温烹饪（Sous-Vide）工艺源自法国，是一种专业的食品烹饪方法。

　　传说13世纪的蒙古人就掌握了类似低温烹饪的烹调方法。蒙古人在征战欧洲的途中发明了一种奇特的料理方式：首先将一块马肉或者牛肉放在皮革制成的袋子里，然后压在马鞍下，经过几个小时的行军，马鞍与马背之间的温度保持在60℃以内，使马肉或牛肉呈现一种半成熟的状态，而且长时间在这种环境下，肉类不会变质。20世纪70年代，来自Troisgros餐厅的法国厨师乔治·普阿鲁斯正式将低温烹饪运用到法餐制作中，他尝试首先将鹅肝放入塑料真空袋中，然后低温水浴烹煮，食材的收缩率从40％降低到5％，而质地、色泽等感官质量也得到明显改善。

　　近年，低温烹饪技术先是应用食品工业，真空高温消毒和真空长时间消毒是现在比较成熟的技术。随着分子料理的出现与普及，低温烹饪已成为一种流行的烹调方式，而且慢慢走进了家庭料理之中。

任务三　特殊风味汤

☆ 了解特殊风味汤的概念、技法特点、操作关键及分类。

☆ 掌握实践菜例的制作工艺，能自主完成实践菜例的制作。

☆ 能自主完成特殊风味汤的制作。

▶ **相关知识**

　　特殊风味汤是在基础汤的基础上加入地方代表原材料调制而成的特殊汤类菜肴，是基于基础汤的进阶汤菜。特殊风味汤包含冷、热两种不同的汤。不同的基础汤让特殊风味汤口味多变、色泽鲜艳，是西餐厅中非常受欢迎的开胃菜。

实践菜例❶　法式洋葱汤

1. 菜肴简介

　　法式洋葱汤起源于法国巴黎，以牛高汤（Beef Stock）和焦糖洋葱（Caramelized Onion）为主料烹饪而成。食用时往往将法式洋葱汤放在小烤汤碗里，上面放上烤面包和奶酪，放进烤箱烤至奶酪融化。

2. 制作原料

　　主料：洋葱300克，牛高汤1升。

辅料：大蒜 10 克，黄油 50 克，马苏里拉奶酪丝 10 克，红葡萄酒 50 毫升，法式面包片 1 片。

调料：香叶 1 片，盐和白胡椒粉适量。

3. 工艺流程

主辅料初加工→炒制洋葱、大蒜→加入牛高汤熬煮→烤法式面包片→装盘→装饰。

4. 制作流程

（1）将洋葱去皮切成细丝；大蒜切成蒜蓉。

（2）在热锅中放入部分黄油，小火慢炒，炒洋葱丝至金黄色待用。

（3）在热锅中放入黄油，炒香蒜蓉，加入洋葱丝再次翻炒，加入红葡萄酒炒香，加入牛高汤、香叶煮沸腾，转为小火煮 20 分钟，加入盐和白胡椒粉调味。

（4）在法式面包片表面撒上马苏里拉奶酪丝，放入烤箱中将奶酪烤制融化，至面包片呈金黄色即可。

（5）将洋葱汤装入汤杯，并放入烤好的面包片即可。

5. 重点过程图解

法式洋葱汤重点过程图解如图 4-3-1～图 4-3-6 所示。

图 4-3-1　主要原料展示

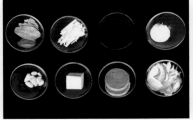

图 4-3-2　辅调料展示

图 4-3-3　炒制洋葱

图 4-3-4　炒香蒜蓉

图 4-3-5　煮制

图 4-3-6　成品展示

6. 操作要点

（1）洋葱要切得均匀一致，不要太粗。

（2）要用小火炒制洋葱，以免炒焦。

（3）法式面包片不要烤焦。

微课　法式洋葱汤

7. 质量标准

法式洋葱汤质量标准见表 4 - 3 - 1 所列。

表 4 - 3 - 1　法式洋葱汤质量标准

评价要素	评价标准	配分
味道	调味准确，葱香浓郁，咸淡适口	
质感	流质，没有异味	
刀工	洋葱丝粗细均匀一致	
色彩	色泽金黄，诱人食欲	
造型	装盘美观、自然	
卫生	操作过程、菜肴装盘符合卫生标准	

　任务知识链接

　　法式洋葱汤是一道法国的家常菜，也可以说是法国传统饮食中的经典。

　　与其他我们熟悉的浓汤不同的是，法式洋葱汤不用大量的奶油调味，仅用清汤煮制就可以做到香浓味美，尤其是覆盖了奶酪的法式面包片泡透了洋葱汤，烘烤之后绵软滑嫩的口感令人叫绝。传统法式洋葱汤早在 18 世纪就已经出现，相对于法国大菜例重于复杂酱汁的调制和摆盘，这道汤显得平易近人。相传法式洋葱汤起源于法国高地奥弗涅（Auvergne），由牧羊人发明。他们流动放牧会携带易于保存的食材，如洋葱、猪油。他们用牛奶或羊奶制作奶酪，用隔夜面包与汤一起烹调，最终发明了这道经典的法式洋葱汤。

实践菜例 ❷　海鲜酥皮浓汤

1. 菜肴简介

　　无论是在中式点心中还是在西式面点中，酥皮使用的概率都很高，如千层酥、酥皮蛋挞、酥皮派等。顾名思义，酥皮就是吃起来口感很"酥"的一层外皮，那么酥皮和海鲜的完美结合究竟会怎样呢？海鲜酥皮浓汤就是海鲜和酥皮完美结合的典型菜肴。

2. 制作原料

主料：海虾肉 15 克，蛤蜊肉 15 克，鲜鱿鱼 15 克，白蘑菇 25 克，黄油 50 克，面粉 100 克，酥皮 1 片。

辅料：香叶 1 片，淡奶油 50 毫升，牛奶 100 毫升，鸡蛋 1 个，薄荷叶 1 束，鱼高汤 600 毫升。

调料：白葡萄酒 20 毫升，盐和白胡椒粉适量。

3. 工艺流程

主辅料初加工→制作基础海鲜奶油汤→煮制主辅料→另盛容器→加白葡萄酒→盖上酥

皮→一同烤制→装饰。

4. 制作过程

（1）将海虾肉、蛤蜊肉、鲜鱿鱼、白蘑菇清洗干净。将海虾肉切段；鲜鱿鱼改刀切成花刀；白蘑菇切片焯水后，放入冷水中冷却并控干水。将鸡蛋打散备用。

（2）在热锅中放入部分黄油，融化后放入面粉，用小火炒香，加入香叶、鱼高汤、牛奶快速搅拌，大火煮沸后转小火煮20分钟。

（3）捡出香叶，加入海虾肉段、蛤蜊肉、鲜鱿鱼、白蘑菇片、淡奶油、盐、白胡椒粉。

（4）将汤汁盛入汤杯中，加入白葡萄酒，用毛刷先将蛋液刷于酥皮内侧盖在汤杯上，酥皮表面再刷上一层蛋液。

（5）将汤杯放入烤箱，以180℃烤约15分钟，见酥皮呈金黄色时取出即可，用薄荷叶装饰。

5. 重点过程图解

海鲜酥皮浓汤重点过程图解如图4-3-7～图4-3-12所示。

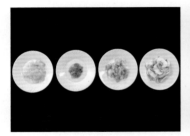

图4-3-7 主要原料展示

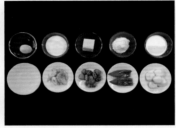

图4-3-8 辅料展示

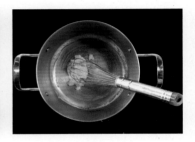

图4-3-9 融化黄油

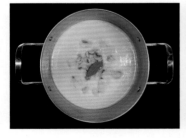

图4-3-10 煮制海鲜浓汤

图4-3-11 酥皮刷蛋液

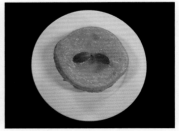

图4-3-12 成品

6. 操作要点

（1）注意烹制时汤汁中不要有颗粒。

（2）海鲜焯水时间不宜过久，以免影响口感。

（3）用黄油炒面粉时要注意控制火候，不要炒煳。

（4）注意酥皮不要烤焦。

7. 质量标准

海鲜酥皮浓汤质量标准见表4-3-2所列。

表 4-3-2　海鲜酥皮浓汤质量标准

评价要素	评价标准	配分
味道	鲜香可口、独具风味	
质感	汤中没有颗粒	
色彩	汤色乳白，酥皮金黄	
造型	半流质，自然	
卫生	操作过程、菜肴装盘符合卫生标准	

实践菜例❸　匈牙利牛肉汤

1. 菜肴简介

著名的匈牙利牛肉汤的主要食材是牛肉，配以甜椒、洋葱、番茄，加上盐、黑胡椒粉和红辣椒粉调味，是匈牙利餐馆的必备之菜，足见其受欢迎程度。匈牙利牛肉汤的绝佳搭配是硬面包，吃一块软烂的牛肉，之后把硬面包掰成小块浸入汤中，在寒冷的冬天喝上一碗酸甜微辣的匈牙利牛肉汤是美妙至极的享受。

2. 制作原料

主料：牛肉 150 克，洋葱 50 克，番茄 80 克，土豆 100 克，红干辣椒 25 克，白蘑菇 50 克，青灯笼椒 50 克，牛高汤 800 毫升。

辅料：辣椒粉 25 克，番茄膏 100 克，蒜米 20 克，黄油 50 克。

调料：香叶 1 片，百里香适量，法香一束，盐、黑胡椒粉、辣椒粉适量。

3. 工艺流程

主辅料初加工→牛肉煎制金黄→炒蔬菜→牛肉和蔬菜一起煮制→装盘装饰。

4. 制作流程

（1）将牛肉切成适当大小的丁，蒜米切成蓉备用。

（2）将洋葱、土豆分别去皮，白蘑菇洗干净，均切成适当大小的丁。将青灯笼椒、番茄洗净、去籽，切成适当大小的块。

（3）将牛肉丁用盐、辣椒粉腌制待用。

（4）将汤锅烧热后先加入黄油和蒜蓉炒香，再加入番茄膏小火炒至呈暗红色，加入牛肉丁、洋葱丁、土豆丁、白蘑菇丁、干红辣椒继续翻炒出香味，加入牛高汤、香叶、百里香煮沸后，用小火慢煮 1 小时。

（5）加入青灯笼椒块、番茄块再煮制 30 分钟。

（6）加入盐、黑胡椒粉、辣椒粉调味，用法香装饰即成。

5. 重点过程图解

匈牙利牛肉汤重点过程图解如图 4-3-13～图 4-3-18 所示。

图 4 - 3 - 13　主料展示　　　　图 4 - 3 - 14　辅调料展示　　　　图 4 - 3 - 15　牛肉改刀

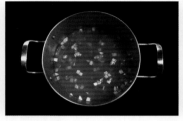

图 4 - 3 - 16　蔬菜炒制　　　　图 4 - 3 - 17　煮制　　　　图 4 - 3 - 18　成品

6. 操作要点

（1）注意烹制时番茄膏不要炒焦。

（2）注意食材切配要大小一致。

7. 质量标准

匈牙利牛肉汤质量标准见表 4 - 3 - 3 所列。

表 4 - 3 - 3　匈牙利牛肉汤质量标准

评价要素	评价标准	配分
味道	调味准确，微酸微辣，口味适中	
刀工	食材切配均匀	
色彩	色泽浅红	
造型	流质，自然	
卫生	操作过程、菜肴装盘符合卫生标准	

实践菜例❹　西班牙冷汤

1. 菜肴简介

著名的西班牙冷汤起源于西班牙南部的安达卢西亚，是一种以番茄为基底的新鲜蔬菜汤，在西班牙的大街小巷随处可见。西班牙人把这种汤当作一种饮品或前菜。

2. 制作原料

主料：番茄 250 克。

辅料：甜红椒 50 克，甜青椒 50 克，洋葱 30 克，小黄瓜 50 克，大蒜 1 瓣，吐司面包 80 克，水 300 毫升。

调料：盐 3 克，黑胡椒粉 2 克，白葡萄酒醋 20 毫升，橄榄油 30 毫升。

3. 工艺流程

主辅料初加工→用破壁机打成冷汤→调味→装盘装饰。

4. 制作流程

（1）将番茄用开水浸烫去皮后切成小块；甜红椒、甜青椒切成小块；小黄瓜切成小块；吐司面包切成小块；大蒜切碎。

（2）先用橄榄油将吐司面包烘脆，再将其与所有蔬菜、白葡萄酒醋和橄榄油放入破壁机打碎，加入盐和黑胡椒粉调味装盘即可。

5. 重点过程图解

西班牙冷汤重点过程图解如图 4-3-19～图 4-3-24 所示。

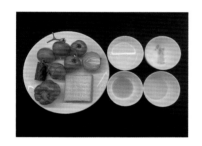
图 4-3-19　原料展示

图 4-3-20　番茄浸烫去皮

图 4-3-21　蔬菜初加工

图 4-3-22　倒入破壁机

图 4-3-23　打碎

图 4-3-24　成品

6. 操作要点

（1）注意蔬菜初加工的卫生。

（2）可以适当减少或增加水分以调节汤汁的浓稠度。

7. 质量标准

西班牙冷汤质量标准见表 4-3-4 所列。

表 4 - 3 - 4　西班牙冷汤质量标准

评价要素	评价标准	配分
味道	调味准确，微酸微咸，清亮爽口	
刀工	切配成型均匀	
色彩	色泽浅红	
造型	流质，自然	
卫生	操作过程、菜肴装盘符合卫生标准	

 任务知识链接

　　特殊风味汤的代表性强，而且花色多样，它反映了不同国家的民族特点和饮食风格。例如，意大利的蔬菜汤会使用当地盛产的彩色萝卜；俄罗斯的罗宋汤会使用当地盛产的甜菜头；美国的奶油海鲜周打汤会使用当地特产龙虾等海鲜。除此之外，特殊风味汤还会使用所在国家的特色香料，并与面包等搭配食用。

参考文献

[1] 保罗·博古斯厨艺学院. 博古斯学院法式西餐烹饪宝典 [M]. 北京：中国轻工业出版社，2017.

[2] 霍安·罗加. 厨艺的精进 [M]. 北京：北京科学技术出版社，2019.

[3] 江永丰. 西餐烹饪工艺 [M]. 2版. 北京：中国劳动社会保障出版社，2019.

[4] 玛丽安·马格尼—莫海恩. 法式料理技巧自学全书 [M]. 北京：北京美术摄影出版社，2018.

[5] 米歇尔·唐桂. 法国费朗迪学院西餐烹饪宝典 [M]. 郭晓赓，杨帆，译. 北京：中国轻工业出版社，2018.

[6] 上柿元胜. 法式料理酱汁宝典 [M]. 唐枫，译. 北京：中国轻工业出版社，2019.

[7] 周波. 探索：中国本土食材与现代烹饪 [M]. 福州：福建科学技术出版社，2021.

附 录

附录1 西餐烹饪常用中英法文

▶ 基础烹调方法

1. Pan fry 煎
2. sauté 炒
3. Deep fry 炸
4. Roast 烤
5. Grill 扒
6. Stew 烩
7. Boil 煮
8. Poach 浸煮
9. Blanch 焯
10. Sous vide 低温烹饪
11. Confit 油浸

▶ 基础刀工章法

1. Julienne 细丝
2. Brunoise 小粒
3. Medium dice 粒状
4. Large dice 粗块
5. Mince 切碎
6. Chop 切块
7. Rough chop 滚刀
8. Chiffonade 将原料卷起来切成丝

▶ 基础汤底

1. Bouquet garni 香草束
2. White stock 白色基础汤
3. Brown stock 棕色基础汤
4. Fish stock/fumet de poisson 鱼汤
5. Roux 面捞
6. Beef or veal stock/fond de veau 小牛基础高汤
7. Chicken stock/fond de volaille 鸡基础汤

▶ 基础酱汁

1. Sauce Hollandaise 荷兰汁
2. Sauce beurre blanc 白葡萄酒黄油汁
3. Veloute 高汤白汁（天鹅绒酱）
4. Red wine sauce/sauce au vin rouge 红酒酱汁
5. Béchamel sauce 贝夏梅汁（白汁）
6. Brown sauce/sauce Espagnole 布朗少司
7. Orange sauce/sauce de canard à l'orange 橙味鸭酱
8. Tomato sauce/sauce tomate 番茄酱汁
9. Pepper sauce 胡椒汁

▶ **西餐烹饪术语**

1. Al dente　有嚼劲
2. Blanch　（焯）飞水
3. Caramelize　焦糖化
4. Clarify　澄清
5. Escalope　肉或鱼的薄片
6. Glaze　把食物表面涂上光泽
7. Purée　蓉
8. Reduce　浓缩
9. Simmer　小火烹煮
10. Skim　撇去浮沫
11. Sweat　炒软蔬菜
12. Whip　搅打
13. Zest　擦皮
14. Blend　搅拌
15. Low heat　小火
16. Moderate heat　中火
17. High heat　大火
18. Very high heat　猛火

附录2　本书实践菜例中外文对照

煎牛排配黑胡椒汁　Fried Beef Steak with Black Pepper Sauce
芥末猪扒　Pork Cutlet with Sauce Charcutière
奶酪汉堡包　Cheese Hamburger
米兰式煎鸡排　Pan-fried Chicken Breast Milanese Style
柠檬黄油煎多宝鱼　Pan-fried Turbot with Lemon Butter
维也纳式牛仔吉利　Wiener Schnitzel
英式炸鱼柳　Fish and Chips
吉列猪排　Deep-Fried Pork Cutlet
酿蒜香基辅鸡　Chicken Kiev
茄汁意大利面　Spaghetti with Tomato Sauce
蛤蜊炒意面　Spaghetti with Clam Sauce
奶油培根面　Spaghetti Carbonara
波拉夫野米饭　Wild Rice Pilaf
意大利肉酱面　Spaghetti Bolognase
意大利饺子　Tortellini
意大利蘑菇烩饭　Italian Mushrrom Risotto
匈牙利烩牛肉　Beef Goulash
奶油蘑菇烩鸡　Stewed Chicken and Mushroom with Cream Sauce
法式红酒烩鸡　Coq Au Vin
法式焖牛肉　Beef Pot-au-feu
印度咖喱鸡　Indian Curry Chicken
焖牛尾　Braised Oxtail in Brown Sauce

苹果猪扒　Grilled Pork Chops with Apple

铁扒牛肉大虾　Grilled Steak with Prawn

扒虹鳟鱼排配刁草奶油少司　Grilled Rainbow Trout Steak with Dill Cream Sauce

扒 T 骨牛排配蘑菇少司　Grilled T-bone Steak with Mushroom Sauce

牛柳扒红酒汁　Grilled Fillet Steak with Red Wine Sauce

尼斯式烤酿蔬菜　Legumes Gratinees Nicoise

烤土豆配酸奶油和香葱　Roasted Potatoes with Sour Cream and Chives

俄式烤鱼　Roasted Grouper Salmon with Mashed Potatoes Russian Style

威灵顿牛柳　Beef Wellington

香橙烤鸭　Roast Duck a I' Orange

雪草烤羊鞍　Roasted Rack of Lamb Herb Crust

德式烤咸猪肘　Roasted Pork Knuckle German Style

法式腌烤春鸡　French-style Roasted Spring Chicken

酥皮鲑鱼　Salmon Wellington

焗海鲜斑戟　Seafood Pan-cake

法式焗蜗牛　Escargots à la Bourguignonne

千层面　Lasagna

西班牙海鲜饭　Paella

油封蔬菜　Vegetable Confit

油封鸭　Duck Confit

虾汤温泉蛋　Sous Vide Egg with Prawn Soup

低温煮鲑鱼　Sous Vide Salmon

法式洋葱汤　French Onion Soup

海鲜酥皮浓汤　Seafood Soup with Pastry Lids

匈牙利牛肉汤　Hungarian Beef Goulash Soup

西班牙冷汤　Gazpacho